潮流 收藏 就看这一本

国内第一本最全面、最具实战性的手把件购买鉴赏圣经

▍先看本书再出手

手把件

鉴赏购买指南

潮流收藏编辑部 编著

北京联合出版公司
Beijing United Publishing Co.,Ltd.

前 言

手把件趣谈

　　手把件是人们在手掌中欣赏、把玩的物件，材质丰富，历史悠久，凝聚着时光的变迁，毫厘之间缔造着美的极致。它汇聚了大自然与人类思想智慧的精华，自身富有天然的材质之美，也寄托着雕刻人的情怀和愿望，给予了把玩者充分的想象空间，它以一种特殊的语言讲述着关于自然、关于历史、关于美，甚至关于人生的故事，手把件在手，故事在心。

一、手把件的历史渊源

　　"手把件"一词为文玩术语，亦作"把玩件"，或称之为"盘玩件"、"把盘件"。最早出于魏晋诗人陈琳《为曹洪与魏文帝书》："得九月二十日书，读之喜笑，把玩无斁。"意思是说：将物件握在手中，通过手的反复触摸欣赏其外形和内涵之美。

　　手把件的历史非常悠久，在我国古代，帝王将相、达官显贵、皆爱盘玩手把件，大小合适的手把件可悬挂在腰间。文人雅士们自古以来就喜欢用手中盘玩的把玩物来彰显身份和品位，不同的材质和题材的手把件含有不同的韵味和意义，拿中国人最爱的玉石来说，古人常以玉石喻君子，玉被认为是所有石头中最高贵、最精美的，所以斯文淡雅之士都爱把玩玉器，而素雅隽秀的木质把件通常为文人雅士所喜爱。清朝时，把玩之风盛行，把玩件——文玩核桃，更是成了个人身份地位的象征，所把玩的核桃被分为三六九等。据说，乾隆皇帝也酷爱文玩核桃，亲自精心挑选，现故宫还存留着好几对当时的老核桃。

二、为什么手把件如此受欢迎

当今生活中，我们依然经常可以看见人们在手中盘玩把件，手把件依然是人们关注的热点，究其原因主要有以下三点：

1. 精神享受

"把玩"一词在大家的印象中通常是老者、智者之所为，体现的是一种智慧、通达的人生态度，把玩者在把玩时通常会产生一种把控、欣赏的充实感，带给人们精神上的享受。

2. 养生保健

据科学研究表明：手在大脑中反射区的面积是最大的，经常活动手部有利于帮助大脑进行更有效的思考。同时，盘玩手把件可以通过刺激手掌上的穴位起到按摩养生，促进血液循环的功效。

3. 越玩越漂亮、越玩越升值

一般的木质、玉质手把件经过反复地盘玩，其材质的外观质感、光泽等会产生变化，变得更加通透、润美，也就是文玩行话中所说的"包浆"、"上瓷"。经过长时间盘玩的手把件美感增强的同时，价值也会随着时间的增加而不断增长，越老、越旧越值钱，这种特点是文玩手把件与一般商品的区别，这种变化会使玩家从中获得极大的乐趣。

三、手把件如宠物，萝卜白菜各有所爱

手把件的材质和外观没有固定化的标准，尺寸的选择可以根据个人喜好而定，有的人喜欢大块头的，有的人喜欢小块头的，总之不宜过大或者过小，以一手轻握住且稍用力时感觉舒适为宜；雕刻题材上往往要体现出吉祥美好的寓意，如马背上面有一只猴子象征着"辈辈封侯"，等等；在雕工方面，要求圆润形象，且工艺不可过于精细零碎，否则拿在手中不够舒适，难免磕碰。

在过去，手把件的题材多以中国传统的吉祥图案造型为主，如龙、鸳鸯、貔貅、罗汉等；现在的手把件，在继承传统文化底蕴的同时，还融合了许多当前流行的时尚元素，题材创意层出不穷，为手把件爱好者提供了更多的选择。

本书是一本手把件的鉴赏购买权威指南，内容极为全面，集合了目前市场上最受追捧的十几种手把件材质，包括紫檀、黄花梨、沉香、琥珀、水晶、橄榄核等，还有真实的市场价格大揭秘，专业性与实战性并重。可以让大家轻松学会手把件的选购、把玩、保养以及如何辨析真假的经验和方法，非常适合手把件爱好者在选购、收藏之前品茗一读。

目录 Contents

第一章
翡翠手把件

翡翠被称为"玉中之王",又被称为"翠玉",稀有、珍贵。它集天地之精华,晶莹润泽、充满灵气。

↑ 翡翠手把件，拿在手中揉搓，可刺激穴位，舒筋活血

在古代，王公贵族对其喜爱有加，随着时代的发展，翡翠已经成为了世界玉石当中十分重要的品种，市面上有许多翡翠材质的项链、手镯等饰品，还有一种用来在手中把玩的物件称为"翡翠手把件"，人们把它拿在手中不停地揉搓，它的凹凸处可以刺激手中的穴位，起到按摩穴位、舒筋活血的功效，因此，盘玩翡翠手把件不仅是一种乐趣，而且还具有养生健身的功效。翡翠手把件的款式多样、造型独特、题材丰富，具有较好的收藏价值。

由于玉石饰品的利润空间比较大，因此，好的翡翠原料一般用作翡翠戒指、吊坠、手镯之类的物件，而翡翠把件的原材料往往不够上乘，用于制作翡翠手把件的翡翠原料往往是制作其他大物件后剩下的料，大多有明显风化过的外皮，因此，除了翡翠的质地，雕工技艺对翡翠手把件的价值来说起到了非常重要的作用。

一、翡翠选购必备小知识：翡翠的种、水、色、皮

自古以来，中国人对翡翠的喜爱就远胜于黄金和其他玉石，在过去，只有帝王显贵才有资格佩戴翡翠，随着人们生活水平的提高，翡翠也逐渐走进了人们的收藏视野，想要选购和收藏翡翠，首先得先了解它的"种、水、色、皮"。

1. 翡翠的种

翡翠的种也称为"翡翠的种头"，是对翡翠一个综合性的概括和划分，翡翠行业内所说翡翠的种主要是指两个方面：一是指翡翠内部的矿物晶体颗粒的大小；二是翡翠内部矿物晶体的致密度、硬度、晶体间的结合度。

↑"富贵缠身"糯种翡翠手把件，市场价格8万元左右

按翡翠内部的矿物晶体颗粒的大小可以将翡翠的种分为玻璃种、冰种、糯种、白地青种、芙蓉种、金丝种、马牙种、紫罗兰种和豆种等，价格从几百元人民币到几十万元人民币不等。玻璃种的透明度好，冰种透明度次于玻璃种，糯种翡翠在灯光下像米汤一样，芙蓉种的颜色一般呈现出淡淡的绿色，马牙种和豆种的质地都比较粗糙。

按翡翠内部矿物晶体的致密度、硬度、晶体间的结合度来划分翡翠可分为：老坑种、新坑种和新老种。老坑种翡翠的特点是内部矿物晶体之间结合的密度强、硬度高，表面光泽特别强，看起来清新透亮；新坑种翡翠的内部晶体与晶体之间结合密度相对老种翡翠来说差、结构疏松，因此，在硬度和表面光泽方面上不如老种翡翠；新老种翡翠是介于老种翡翠和新种翡翠之间的一种翡翠，常见于阶梯砂矿矿床中。

2. 翡翠的水，是指翡翠的透明度

翡翠的"水"，也称水头，是指翡翠的透明度。翡翠的水与翡翠的结构构造有关，也就是说与"种"有关，根据水的好坏可以直接判断出翡翠的种。"种"老、杂质少、颗粒度大小均匀、净度高的翡翠水头就好，这样的翡翠给人"水汪汪"的感觉，显得透亮，而透明度差，也就是水头差的翡翠则给人干涩、呆板的感觉。

←笑佛手把件，寓意多子多福，这个手把件种水俱佳，质地透亮，市场价格4万元左右

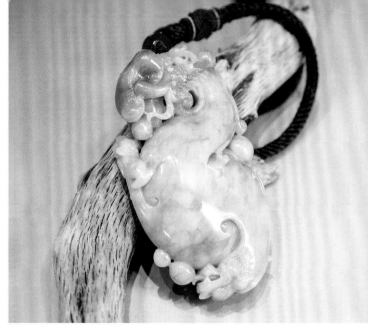

↑紫罗兰色的翡翠手把件，飞跃的龙雕刻得
　活灵活现，取"飞黄腾达"之意

↑翡翠寿星题材手把件，这个把件质地透亮、光泽
　感强、颜色鲜艳漂亮，市场价格 35000 元左右

3. 翡翠的色，色是判断翡翠优劣的首要因素

　　翡翠的"色"指的是翡翠的颜色，色是判断翡翠优劣的首要因素。翡翠的色泽越鲜艳越好。常见的翡翠颜色有绿色、白色、紫罗兰色、红色、黄色、褐色和蓝色等，尤以绿色为上佳，如果某块翡翠颜色能达到通绿即被视为高档品。一般来说，不管什么颜色的翡翠，颜色越纯正浓艳越好。

←翠色鲜艳的翡翠把件，福寿如意题材，
　市场价格 6 万元左右

4. 翡翠的皮，翡翠天然的保护壳

翡翠原石在地质搬运过程中经风作用在原石表面形成的壳称之为"翡翠的皮"。皮的颜色有黑、灰、黄、褐、浅黄、白色等，美丽的皮是翡翠的一大亮点，优质的红皮、黄皮都是收藏家们的最爱。

↑ 翡翠的红皮、黄皮

二、选购翡翠手把件四要点：种水、尺寸、题材、雕工

无论是挑选用于把玩的翡翠把玩件，还是具备投资收藏价值的手把件，在考虑个人兴趣爱好的同时，还需要在种水、尺寸、题材、雕工四个方面多加注意：

1. 种水是关键

翡翠的价值主要取决于它的种水，因此，若是想要拥有一个具备投资收藏价值的翡翠手把件，种水是关键因素，因此，在挑选的时候，质地越是透明、颜色越是鲜亮的越好。

2. 尺寸以合适自己手盘玩为准

翡翠手把件的尺寸大小以合适自己手盘玩为准。把件说到底主要在于盘玩，盘玩得好的翡翠把件会随着时间的推移而变得越发鲜亮动人。既然要经常拿在手中盘玩，就必须选择手感舒服的把件，手感取决于三个因素：把件的质感、把件的大小、把件的形状。把件不要挑选尺寸过大或者过小的，适合在手中盘转为宜，最好有一定的饱胀感，把件的形状最好选择长条形的便于持握。

从审美观点看，大的手把件容易让人产生审美疲劳，小物件反而更能吸引人的眼球。

↑ 便于把玩的翡翠把件尺寸不宜过大也不宜过小，形状最好是长条形

↑ 如意题材的紫罗兰色翡翠手把件，龙头雕刻得较为精细，但是通透欠佳，市场价格 26000 元左右

↑ 五子登科题材的翡翠手把件，黄色巧雕，雕工细致，市场价格 2 万元左右

3. 题材，自己喜欢即好

翡翠把件要选自己喜欢的题材。题材主要指的是翡翠把玩件的寓意，从传统的福禄寿、佛、瑞兽等题材到今天的一些创意性题材，都表达了人们对美好生活的追求，具体的选择因人而异。

4. 雕工，不宜过于复杂

翡翠把件的雕工讲究过渡圆滑自然，比例古朴，题材设计巧妙。在购买的时候一定要仔细检查把件的每一处细节，雕工比较复杂的不能有破损。另外，手把件的雕刻一定要错落有致，要能摸出手感来。

→ 龙凤呈祥三色翡翠手把件，质地好，通透感强，颜色鲜艳，雕工好但是过于细致，盘玩时需要小心，以免磕碰造成损坏

三、挑翡翠把件，你被光源欺骗了吗

挑选翡翠手把件的时候，一定要注意商铺的顶灯光源和柜台里照明的光源。在白色光源或者冷光源的照射下，肉眼观察的翡翠颜色更加真实。如果是黄色的暖色光源，翡翠的颜色会失真，因为在黄光一类的暖色光源照明下，色彩会愈加浓郁、光泽会愈加透亮，会让消费者误以为翡翠的质量很高。

四、翡翠把件盘玩和保养之道——让翡翠 把件越盘玩价值越高的秘诀

翡翠手把件既不会说话，也不能直接变现，面对这些没有表情的玉石，盘玩的乐趣在哪里？如果你不是翡翠玉石爱好者，你可能很难理解。对于爱好玉石把玩的人们来说，在欣赏和把玩之中可以陶冶情操，享受人与玉石之间的一种美妙碰撞，建立人与自然之间的心与心的交流。

> **盘玩翡翠手把件时，一定要小心，要避免与硬物发生磕碰。**碰撞后，有时翡翠表面看上去没有明显的裂痕，但其实内部结构已经受到损坏产生了暗纹，长期把玩之后，这些暗纹会渐渐明显。

> **翡翠手把件不可高温暴晒。**翡翠性阴，如果长期在太阳底下高温暴晒或者在炽热灯光下烘烤，一段时间后，会使其失去水汪汪的光泽，造成干裂。

> **不要接触强酸溶液。**强酸溶液会破坏翡翠的颜色和结构，使翡翠破相。

> **把玩时先洗净手，远离油和烟。**盘玩翡翠手把件的时候尽量先洗干净手，以免将油脂类的杂物带进翡翠玉体内，久而久之会影响其外观和质地。

手把件贵在盘玩，盘玩得好的翡翠手把件外光比原来更加鲜艳通透，价值也会得到提升。

五、冰种翡翠与糯种翡翠，哪种价格高

众所周知，由于翡翠原料稀少，原本就价格高昂的翡翠近几年来价格依然疯狂地上涨。冰种和糯种是翡翠常见的种类，二者有什么区别？哪种更受人们的喜爱？

冰种翡翠与糯种翡翠的区别：

冰种翡翠的表面光泽透明度仅次于玻璃种翡翠，最差的也是半透明的，冰种翡翠最大的特点就是清亮似冰。而糯种翡翠相比于冰种翡翠透明度就要差一些，最好的糯种翡翠也只能达到半透明，糯种翡翠看上去像混浊的糯米汤一样。

就翡翠的种来说，冰种翡翠要比糯种翡翠高一个档次，所以从整体的价格来说，冰种翡翠要高于糯种翡翠。但从个体来说，好的糯种翡翠也会比差的冰种翡翠的价格高。市场上，就翡翠种来说，无疑品质更好的冰种翡翠会更受消费者的欢迎，但是其价格要比糯种高许多。因此，对于一些购买经费有限的翡翠爱好者来说，糯种翡翠比较受他们的欢迎。

六、绿花提升翡翠价值，黑花降低翡翠价值

翡翠上的棉絮状的内含物称之为"玉花"。玉花主要有绿、蓝、白等颜色，分布规律且花型漂亮的绿花将明显提升翡翠的价值，属于所有飘花翡翠中价值最高的一种；蓝花要看分布的聚散，分布均匀且花型漂亮的蓝花才可为翡翠增色，但是不及绿花价值高；黑花只要出现在翡翠上，就会大幅降低翡翠的价值。

↑ 绿花鼻烟壶翡翠手把件，这个题材较为新颖，绿花的分布呈现出了自然山水画的效果，意境感强，市场价格5万元左右

↑ 蓝花翡翠

↑ 黑花翡翠

↑ 手把件贵在盘玩，盘玩得好光泽会比原来更加鲜艳通透

七、不买假货翡翠的方法：识"特点"，知"鉴别"

天然翡翠的特点和鉴别方法：

（1）天然翡翠质地透明或半透明，表面光润亮泽，细看可见微透明的颗粒和围绕其周围的絮状物质。

（2）天然翡翠质地坚硬，用锋利的刀划不会留下痕迹；假翡翠硬度低，刀划会出现划痕。

（3）强光下观察，真翡翠中有翠色闪光的矿物颗粒，称为翠性，而玻璃、塑料制成的伪品都无"翠性"特征。

（4）天然翡翠结构致密，无气泡，敲击时声音清脆；伪品结构较疏松，有气泡，敲击出来的声音沙哑。

（5）天然翠色翡翠色泽浓艳纯正，而仿品要么在强光下有杂乱细小的绿色纹路，要么光泽差、混浊不清，仿品的重量不如天然翡翠重。

八、翡翠作假手段大揭秘

翡翠是玉石中的昂贵品种，也正是因为如此，市面上的作假手段层出不穷，下面就介绍几种常见的翡翠作假手段：

1. 强酸浸泡

强酸浸泡是一种化学处理方法，用强酸等化学原料浸泡翡翠原料或成品，主要是为了祛除翡翠中的含铁矿物所造成的斑点杂色，使原来杂质多、裂纹多、透明度低、不美观的翡翠比原来显得更加干净透明。

2. 注胶

经过强酸浸泡的翡翠，内部结构遭到了破坏，变得非常不牢固，所以，为了使疏松的结构变得结实，通过注胶的手段在高压下挤入树脂或硅胶填补空隙，提高翡翠的硬度同时还可以增加透明度。

3. 浸蜡

浸蜡指的是对翡翠原石或成品表面的微细裂隙用蜡填充，不仅可以提高洁净度，还可以填补加工过程中形成的微细裂隙，修补粗糙的表面，使翡翠饰品看起来更加美观。

4. 染色

翡翠染色，主要针对的是白色或劣质翡翠，使用油性或水性的燃料将翡翠表面染上颜色。通体染色称为全染，部分染色称为点染，可染同一种颜色，也可染多种颜色。

5. 覆膜

覆膜这种手段主要针对的也是浅色翡翠，这种手段又称为"穿衣"，目的在于提高低档次的翡翠外观，使其看上去符合水头好、晶莹剔透的高档次翡翠的特征。具体做法如下：在白色或浅色的翡翠表面涂抹一层胶，待其干燥后，胶如同一层膜一样包裹着色淡的翡翠。

这些人工制造的"高档翡翠"有着不可忽视的缺陷：无论是酸性液体还是胶装化学药剂都会破坏翡翠的天然结构，虽然表面上增加了翡翠的色彩和透明度，但是残留在翡翠颗粒间的化学物质将腐蚀翡翠，几年后翡翠就会出现开裂、变黄、表面剥落等现象，除此之外，翡翠把件经常拿在手中把玩，这些化学物质会影响盘玩者的健康。

↑ "一鸣惊人"翡翠手把件，蝉利用了俏色巧雕，市场价格4万元左右

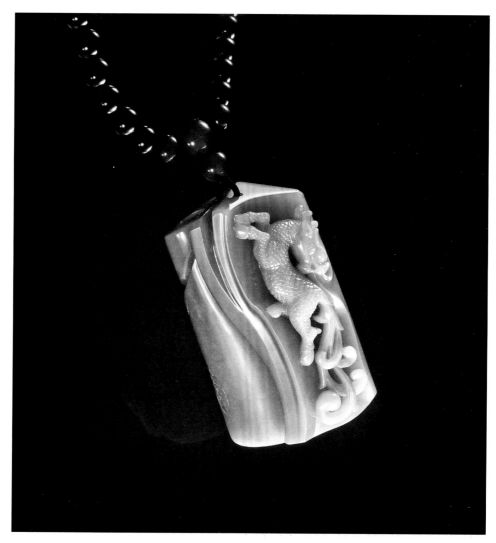

↑ 麒麟献书翡翠手把件，68×42×20 毫米，北京传是拍卖
行 2013 年 6 月 15 日拍卖品，成交价 437,000 元人民币

　　翡翠作为一种独特的奢侈品，受到越来越多的人追捧。近年来，翡翠价格呈爆发性增长，特别是近 50 年来，翡翠价格涨了近 1000 倍，拍卖市场更是经常拍出天价翡翠。翡翠由于其原料开采受到越来越多的限制，资源有限，在加上一些地产商投入到了翡翠市场中，因此，翡翠的价格估计是"降不了"。

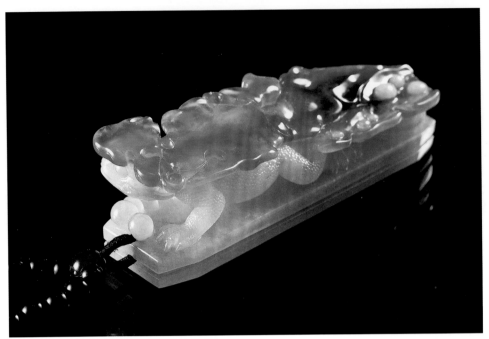

↑ 一夜成龙翡翠手把件，69×21×22毫米，北京传是拍卖行
2013年06月15日拍卖品，成交价517,500元人民币

九、不懂翡翠的初级玩家，选购时一定要证书

对于不懂翡翠的初级玩家来说，选购翡翠的时候一定要商家出具相关的翡翠证书来判断其价值，具体挑选要点如下：

首先，一定要购买A货翡翠，即天然翡翠，证书上一定要注明"A货"。B货是指种、水、色较差的翡翠经过酸水或碱水浸泡后外观得到改善的翡翠，C货指的是无色或浅色经过人工染色后的翡翠。

其次，是看水头。翡翠行业有句俗话叫"内行看种，外行看水"，对翡翠不是特别了解的玩家在挑选翡翠的时候主要看它的透明度，一般来说，透明度越好的翡翠种也会比较好。

再次，不要盲目崇拜绿色，挑选自己喜欢的颜色即可。

最后，仔细观察是否有裂纹，裂纹会大大降低翡翠的价值。

判断翡翠的价值，至少要综合这四点来判断。

十、人养翡翠，翡翠养人

在我国，盘玉的历史悠久，翡翠手把件，自古以来就深受达官显贵的喜爱，尤其是男性。随着时代的发展，出现了越来越多的翡翠手把件爱好者，盘玩玉器成为了他们日常生活的乐趣，寄托了他们对玉爱不释手的情感。

俗话说"人养玉、玉养人"，用在翡翠手把件上再合适不过了。"人养玉"指的是通过不断地触摸翡翠手把件，人体表面的油脂进入到把件的玉体里面从而可以提高翡翠把件表面的透明度，使色泽晦暗的玉石整旧如新，这个过程称为"盘玉"。"玉养人"通常指两方面：一方面，人在盘玩翡翠把件的时候，手掌与翡翠充分摩擦，对人体的皮肤可以起到一定的按摩作用，把件的凹凸之处能够刺激穴位从而有助于延缓衰老、舒经活络；另一方面，盘玉的过程能够使人的心态变得平和，玉中所含的硒、锌、铜、钴等许多微量元素通过与人长期的接触会逐步被人体吸收，使体内各种微量元素得到补充，具有养生健体的功效。

↑ 翠勾连云纹烟壶规，高 53 毫米，中国嘉德拍卖行 2013 年 5 月 13 日拍卖品，成交价 115,000 元人民币

↑ 翠玉雕麒麟吐书纹鼻烟壶，高 50 毫米，纽约苏富比拍卖行 2013 年 9 月 17 日拍卖品，成交价 155,000 元人民币

↑ 挑选翡翠把件，不要盲目崇拜绿色，挑选自己喜欢的颜色即可

十一、翡翠行话大串烧

翡翠行业中的一些不科学、不规范但是普遍使用的俗语称为"行话"，下面就讲解一些较为广泛使用的行话：

翡：指翡翠中的红色和黄色部分。

翠：指翡翠的绿色部分。

春：指翡翠中的蓝紫色部分，又称紫罗兰。

癣：指翡翠的黑色部分。

绺：指翡翠中的石纹。

翠性：指光从硬玉矿物里面反射出来的丝状闪光效应。

坑：指翡翠在地下埋藏的时间。

春带彩：指一件翡翠的原料或成品上同时出现绿、紫两色。

黄杨绿：指一件翡翠的原料或成品上同时出现绿、黄两色。

起胶：指翡翠表面质地很细腻致密的样子。

砂发：指外皮，也叫外壳。

砖头料：指一些透明度差、杂质多、有色或无色的翡翠原料。

色料：指高档的翡翠原料，可做高档戒面、手镯等饰品。

五彩玉：指在一块翡翠原料上或在翡翠饰品上有四种以上颜色的玉。

油青：指一种质地细腻、通透暗如油的翡翠。

照映：指翡翠绿色和地子之间交相辉映的一种关系。

阴阳：翡翠颜色鲜明的一面为阳，颜色昏暗而凝滞者为阴。

脏：指翡翠中的黑或灰色杂质形成的瑕疵污块，俗称"脏"。

瓷：形容翡翠绿色如瓷瓶一样细腻光滑。

白花：翡翠内部白色的包裹体，也称"白棉"。

黑花：翡翠内部黑色的包裹体，它的存在大大降低了翡翠的质量。

蓝花：翡翠内部蓝色的包裹体，呈片状、絮状分布在翡翠的地子。

绿花：翡翠内部绿色的包裹体，呈片状、絮状分布在翡翠的地子。

开门：又称开天窗。指翡翠原料被一层表皮包裹，故在原料上切一片下来以供观察。

↓这个翡翠手把件，颜色鲜艳，质地通透

第二章
和田玉手把件

自古以来，人们对玉充满了尊敬、崇拜之情。我国的玉文化历史悠久，在古代，和田玉只有王公贵族才有资格享用，因此它又被称之为"帝王玉"。

和田玉文化是中国文化的一大特色，随着时代的进步，和田玉工艺品已成为人们物质和精神生活的一部分。狭义的和田玉指的是来自新疆和田玉。

一、鉴别真假和田玉看三点：质地、光泽、音响

和田玉因纯洁美丽而受到越来越多的玉石爱好者追捧，因此市面上有许多假冒的和田玉，真和田玉必须具备以下三点特征：质地温润；光泽如脂肪一般油润；敲打之后的声音如磬一般清亮，延绵深远。

↑如意童子和田玉籽料手把件，市场价格60万~70万元

二、不可不知的和田玉七大类

和田玉的质地坚韧细腻、均匀柔和，呈现出犹如蜡一般的光泽。以颜色为基础，综合质地、透明度等其他因素，和田玉大致可以分为七个类别：

1. 白玉，以白色为主的和田玉

白玉是指以白色为主的和田玉，它的颜色均匀柔和，光泽如蜡一般，质地细腻滋润、半透明状。羊脂玉是白玉里面最为大家熟知的一种，颜色白中略泛黄或泛青，质地非常细腻、光洁，属于和田玉中最好的品种。

↑弥勒佛题材的羊脂玉手把件

2. 青玉，和田玉中最为普遍的品种

青玉是和田玉中最为普遍的品种，它的颜色种类较多，以青色为基础，有竹叶青、杨柳青、碧青、灰青、青黄、虾青等。青玉质地坚韧，光泽如蜡一般细腻油润。

↑ 青玉

3. 碧玉，绿色越是鲜艳为佳

碧玉的颜色是深绿色系的，主要有：墨绿、绿黑、暗绿、青绿等。在选购碧玉的时候，绿色越是鲜艳的为佳，在所有的颜色中，和菠菜颜色一样的碧绿属于上品，绿中带灰的属于下品。

↑ 碧玉手把件，碧玉的绿是以像菠菜一样绿色为主

4. 青白玉，介于青色和白色之间

青白玉的颜色介于青色和白色之间，质地细密、半透明状、有蜡状光泽。

↑ 青白玉

5. 墨玉，颜色黑如墨水一般

墨玉，顾名思义，颜色黑如墨水一般。按照墨色分布的多少，可以分为全墨、点墨和片墨三种。全墨玉通体漆黑，点墨玉是黑色星星点点状，片墨玉呈片状、带状分布在青玉、白玉或者青白玉的肌体中。全墨玉为墨玉中的上品，点墨和片墨若能巧雕则价值高。

↑ 墨玉

6. 黄玉主色是黄色

黄玉主色是黄色的，但是深浅不一，米黄色较为常见，还有栗子黄、桂花黄、鸡蛋黄、鸡油黄等，以栗子黄为最佳。黄玉的颜色越是柔和均匀、质地越是细腻光洁越好。

↑ 瑞兽题材的黄玉手把件，颜色以栗子黄为最佳

7. 糖玉颜色像红糖一般

糖玉，颜色像红糖一般，呈红褐色或是黄褐色。整个玉石的糖色如果在 85% 以上称为糖玉，糖色在 30% 以上的称作"糖白玉""糖青白玉"等，若是糖色在 30% 以下的则不能称作"糖玉"。

↑ 糖玉材质的龙龟题材手把件，黄色部分恰到好处
    地巧雕了龙

三、和田玉里价值最高的料——籽料

根据和田玉的产出地不同，可以大致分为以下三种：籽料、山流水料、山料。不同料种的和田玉特性不同价格也不相同，籽料是质地最好的料种，价值也是最高的。其他料种的质地和价值虽然不及籽料，但也是和田玉家族里不可缺少的一员。

1. 带枣皮的籽料——价值连城

和田玉的籽料是原生矿石经过河流长年的冲刷打磨，外面的一层粗糙表皮被磨掉，剩下光滑的表面。和田籽料质地细腻、光泽温润，有明显的油脂感，籽料有白、青、碧、黄、墨五种基本色调。如果籽料带有红如枣皮的皮色，这样的籽料价值不菲。

↑ "马上封侯"题材的籽料和田玉手把件，表达了人们希望事业有所晋升的愿望

2. 山流水料——质地和价值仅次于籽料

山流水料是产自高海拔的和田玉山料，原生矿受到地震、雪崩及地壳变化等因素影响，被水流搬运到河流的中下游，就变成了山流水料。质地和价值高于山料，仅次于籽料。

3. 山料特点——表面较粗糙，棱角尖

山料是指在原生矿床中采出来的原生矿石，因此，没有了冰川、水流的打磨，它的表面比较粗糙，棱角分明。在质地和价值方面，不如籽料和山流水料。

四、千万别买和田玉籽料假冒品，价格差别大

众所周知，和田玉籽料的身价日渐飙升，因此，市面上出现了许多和田玉籽料的冒充者，在选购和田玉时有许多商家花言巧语欺骗消费者，下面介绍几种常见的冒充品种及识别方法，让消费者基本上可以靠自己的仔细观察来辨别那些和田玉的假冒品。

1. 如何识别新疆和田玉和俄罗斯白玉：看白度、看皮子

和田玉作为传统玉石，具有很高的收藏价值。众所周知，和田玉籽料是和田玉中质地最好、价值最高的品种，所以它受到了众多玉石把玩者和收藏爱好者的追捧。市面上，俄罗斯白玉的外观和和田玉籽料较为相似，辨别有一定难度，但是依然有不同的地方，下面就介绍这两者的区别：

> **看白度：** 和田玉的白度和俄罗斯白玉的白度略有不同，和田玉籽料的白是有油脂光泽的润白，而俄罗斯白玉的质地不如和田玉油润度强，呈现出的是干白色。

↑ 新疆和田玉和俄罗斯白玉对比图，左边新疆料和田玉光泽润白，
右边的俄罗斯白玉呈干白色，油润度也不及新疆料好

》 **看皮子：**和田玉籽料皮子较薄，且毛孔明显，表面光滑圆润，而俄罗斯玉籽料的皮子略显厚重，表面有细微的不平整之处；另外，和田玉籽料的皮子颜色不如俄罗斯白玉鲜艳明亮，仔细观察可以发现，俄罗斯玉籽料皮子的黄色较深且表面的毛孔不明显。

》 **看肉质：**玉料的肉质是两者最为明显的差异，虽然和田玉籽料与俄罗斯白玉的肉质均为白色，但是和田玉籽料的质地相比于俄罗斯白玉更为油润细腻，透明度高，呈润白色；而俄罗斯籽料肉质的白色比较干涩缺少柔软感，呈现出的是一种浆白或者奶白色。

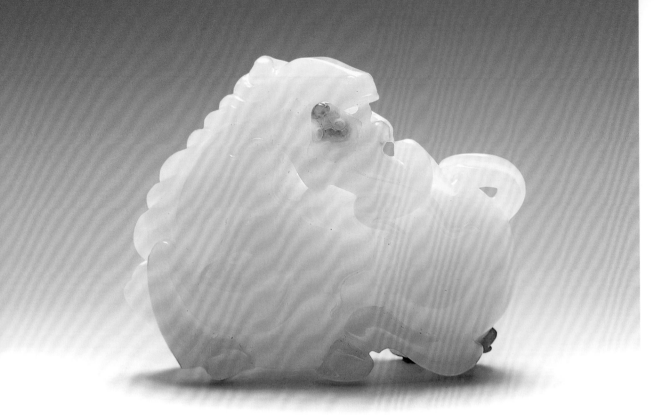

2. 如何区别和田玉和韩玉：看颜色、看质地、看硬度

自古以来，和田玉就因其细润的质地、美丽的外观而备受人们的青睐。而今，由于和田玉资源日渐减少，市场价格也越来越高，因此，很多商家利用一些外观质地与和田玉相似的其他玉种来冒充，韩玉就是其中之一，它的外观和和田玉较为相似，那么如何来进行区分呢？

▶ 看颜色，韩玉的玉质中含有细小的针状白点

首先，从颜色上就能区分出和田玉与韩玉，它们的差异比较明显，和田玉的颜色细润洁白，透明度好；而通常情况下，韩玉的白色多伴有灰、黄、绿色调，通过肉眼观察，它的玉质中含有细小的针状白点，透明度较差。

▶ 看质地，和田玉中有玉花、质地致密油润

相比于和田玉的质地而言，韩玉的密度较小、质地略疏松，颗粒感较强，在抛光后所呈现的光泽如蜡、不够油润；而和田玉中通常含有云雾状结构的玉花，质地十分细腻、光泽油润，由于其密度相对较大，所以有明显的坠手感。

》试硬度，韩玉的硬度低于和田玉

韩玉的硬度和玻璃的硬度差不多，低于和田玉的硬度。因此可以用划玻璃的方法来区分和田玉和韩玉，韩玉划过玻璃表面之后，留下的痕迹不及真正的和田玉留下的划痕明显。

3. 山料磨光充当籽料

我们都知道，和田玉山料和籽料的质地相差比较大，价格也相差悬殊，另外，山料产量多，籽料产量少，种种原因使得市面上出现了许多冒充和田玉籽料的磨光山料。

磨光后的山料，透明度低，质地粗糙，光泽没有凝重感，外形死板不自然、有些可见切割打磨的痕迹；而天然的籽料一般块状较小、形状自然，质地细腻温润、表面光洁。

总而言之，识别天然的和田玉籽料，关键要多看、多观察、多比较。

五、揭秘和田玉籽料的皮色作假方法

市面上，商家使用各种手段给籽料上色主要有两方面的原因：一方面，皮色鲜艳光滑的和田玉籽料更有利于雕刻师设计创造出有层次感的作品；另一方面，皮色带颜色的和田玉籽料价格相对较贵，尤其是带枣红色皮色的籽料更是价值连城。下面就来介绍几种常见的伪造籽玉皮色的手段：

1. 激光染色法

激光染色法属于比较先进的和田玉籽料上色法，经过激光上色后的籽料皮色鲜艳漂亮，但是光亮不够厚重，有一种浮于表面的感觉。

2. 颜料水煮法

作假者选用没有皮的籽料，将黄色或是红色的颜料与籽玉一块放入开水中高温加热反复煮，上色之后用清水洗刷，再把多余的颜色用砂条磨掉，涂上水蜡，色与玉融合在一起，这种伪造上色的籽料，颜色过于死板均匀。

3. 青核桃皮上色法

将青核桃皮、杏干与籽玉放在一个罐子里用小火煮，颜色进入玉体内之后，上一层白石蜡，这种伪造上色的籽料，颜色十分均匀，显得不自然。

六、选购和田玉手把件四要素：尺寸、质地、题材、雕工

近年来，和田玉手把件成为了一种时尚，受到了越来越多的人们热捧，在市场热潮之下，有不少以次充好、以假乱真的和田玉手把件，因

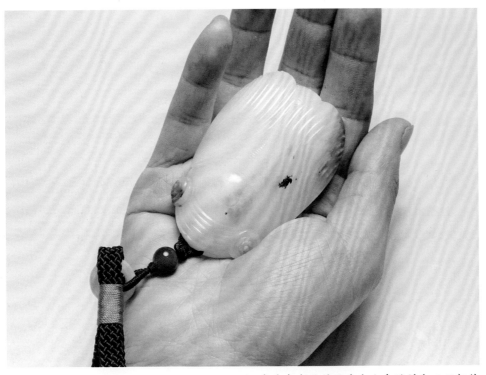

↑ 在手中盘玩的尺寸大小合适的和田玉把件

此，要想选购到一件自己喜欢又品质好的和田玉手把件，要求我们在掌握和田玉料种、特征等一些基本信息的同时，还要专门对手把件的挑选要素有一定的了解：

1. 和田玉手把件的形状大小要便于手中把玩

与和田玉项链、戒指等饰品不同，和田玉手把件要便于人们能够随时拿在手中把玩欣赏，因此，相比于其他玉饰品，和田玉手把件与人有更多的亲密互动，它的大小也就决定了它是否能够随身携带、把玩，到底什么样尺寸的和田玉手把件才是合适的？关键要看手把件的大小适不适合自己的手把玩，手大的人若选择小的手把件拿在手里会觉得空，手小的人如果买偏大的手把件则把持不住容易磕碰；除了手把件的大小之外，它的形状也会影响手感，通常情况下，呈长条状的握在手中不硌手的手把件手感最舒适。

2. 质地越好的手把件，升值空间越大

和田玉手把件的质地主要看三个方面：料种、玉花、成熟度。首先是料种，料种越好的手把件价格越高，籽料是和田玉中质地最好的料种；其次看玉花的多少（玉花指的是玉石表面像雪花形状一样的结构，这部分结构较疏松，密度较低），玉花越少的和田玉手把件通透度越高价值也越高；除了以上两点，成熟度

↑ 这个手把件是传统的"刘海戏金蟾"题材，黑色部分巧雕成了金蟾

也是很重要的一个考量因素，成熟的玉的颜色质地有一种由里向外、由深渐浅、沉甸甸的油润感，不成熟的玉价格比较低。

3. 和田玉手把件的雕工不宜过细

我们都知道，手把件要经常拿在手中盘玩，如果它的雕工过于细致轻薄，那么在把玩的时候容易磕碰损坏，因此，手把件的雕工好固然重要，但是过于精细的手把件不宜把玩。

4. 手把件的题材意境

和田玉手把件的题材通常和中国传统文化紧密相关，在选择的时候符合自己的心意最为重要，另外，还要讲究一定的意境，利用自然的形状造型进行巧妙的雕刻设计，会为把件增添一份灵动和价值。

↑ 洛嫔鹤立白玉把件，西泠印社拍卖行 2013 年 7 月 14 日拍卖品，成交价 379,500 元人民币

↑ 代代封侯白玉把件，西泠印社拍卖行 2013 年 7 月 14 日拍卖品，成交价 207,000 元人民币

和田玉一直是拍卖市场的宠儿，和田玉手把件的拍卖价格不仅取决于玉质，还取决于雕工，玉质佳、雕工好的手把件可以在拍卖会上赢得大多数人的青睐。

↑ 雕工细致的魁星手把件，尺寸较大，更适合收藏，市场价格 70 万元左右

← 独角兽题材的和田白玉手把件，质地细腻温
润，雕工较好，把独角兽雕刻得威猛逼真

七、和田玉手把件 配上绳子避免磕碰

　　和田玉手把件不仅是一件工艺品，更是体现了持有者的理想追求和
精神寄托，经常盘玩和田玉手把件的玩家最能够深刻领会到把玩过程的
无限乐趣。他们对和田玉手把件的热衷和喜爱使得他们平时会用大量的
时间去盘玩和欣赏它们，提高和陶冶自己情操的同时还能够获得盘玩手
把件的满足和乐趣。

　　和田玉手把件的盘玩是一门学问，盘玩得好，它的颜色会越发鲜艳
动人，呈现出愈加油润的光泽，下面介绍有关和田玉手把件盘玩时的注
意事项：

1. 把玩前清洗和田玉

和田玉手把件在盘玩前需要用清水清洗一下，这是必做的前期工作。先将和田玉手把件浸泡在温水里一小段时间，这个过程中，把件外面的附着脏物得到一定的软化，无须擦干，等待手把件和温水自然干即可。这样做的目的是打开和田玉石上的细小毛细孔以便于将其内部的污垢尽可能地排除。一般情况下，这样的清洗工作需要每3个月进行一次，如果是夏季，清洗次数可适当增加。

2. 给手把件配上绳子

和田玉手把件的前期清洗工作完成之后，就可以欣赏和把玩了，玩家需要选用一条不会褪色的绳子系在把件上面以防止把件摔落，建议选择古色古香的有中国文化韵味的绳子，这样和把件搭配起来十分美观。

3. 洗干净手后再把玩

和田玉较为容易浸油，因此，在把玩前最好能先洗手，以免把手上的油脂等脏物揉进和田玉的毛孔里面，久而久之会影响和田玉的色泽。

4. 避免与硬物碰撞

　　和田玉的硬度虽然很高，但是如果和硬物发生碰撞的话，有些裂纹不会立刻显现出来，因此，要尽量避免。

5. 把件不可长期在烈日下暴晒

　　和田玉如果长期在烈日下暴晒或是在炽热灯光下烘烤，由于受热过度，结构会变得粗糙一些，因此，要尽量避免。

八、盘玩和田玉手把件相当于进行良性按摩

　　自古以来，和田玉不仅是一种物质财富，也是一笔巨大的精神财富，它不仅美观还可用于养生健体，具备一定的保健功效。

　　和田玉的材质能够与人体的体温迅速结合，把玩和田玉手把件，有助于活血舒筋，按摩手中的穴位，从而达到疏通脏腑、延缓衰老的功效。时常把玩，相当于每天都进行了良性按摩，可舒缓疲劳、养精蓄锐。常见的用于健身保健的和田玉产品有：玉枕、玉垫、健身球、手把件、玉梳等，科学证明，这些对人体具有美容安神的功效。

↑ "三只鸡"手把件，黄色部分俏雕成了三只往上叠的鸡，表示的是"连升三级"的意思

↑ 和田玉把件不可长期在烈日下烘烤

第三章
琥珀手把件

在《侏罗纪公园》电影中，科学家从琥珀包裹的蚊子血液中提取出恐龙的DNA克隆出远古时代的恐龙。如今，人们都以能够佩戴一块"可能会制造出恐龙"的琥珀为时尚。

一、不可不知的琥珀五大类

根据琥珀的不同颜色、特点可大致划分为金珀、血珀、虫珀、香珀、石珀、花珀、水珀、明珀、蜡珀、蜜蜡、红松脂等。

1. 虫珀——含有稀有虫种的价值高

虫珀是指含有动物遗骸的琥珀，虫珀属于大家非常追捧的品种。

由于虫珀就像是一个历史博物馆的陈列橱，记录着几千万年前的历史瞬间，且产量稀少，因此价格不低。

》含有稀有虫子的琥珀才值钱

选购虫珀首先看的是虫子，主要分两方面：虫子的稀有程度和形态。虽然说虫珀较为稀少，但并不是说所有含虫子的琥珀都值钱，关键还是要看这个虫子的稀缺程度。含有蚂蚁、蚊子等的虫珀属于初级玩家的品

↑ 含有稀有虫子的琥珀才值钱

↑ 真的天然虫珀是立体自然的，呈挣扎或求生的状态

种，价格相比于含有青蛙、蜥蜴或者蝎子的虫珀价格低很多。虫子越是
稀缺越值钱，濒临灭种的虫子更是价值不菲；看虫子在琥珀中的状态，
越是能够看出虫子天然形态的越好，比如挣扎的过程、周围有液体流动
的痕迹等。

》 扁状的昆虫大多为假虫珀

真的天然虫珀是立体自然的，呈挣扎或求生的状态，而人工造的虫
珀多是被处理过的现代昆虫，呈扁状。

Tips

收藏虫珀要选择稀有的品种，比如已经灭绝的品种，或者一个
虫珀里面包含很多虫子的，这样的品种价值更高。

↑ 这是含有花珀的把件，重43.7克，每克价格250 ~ 300元

2. 花珀——花片越漂亮价格越高

花珀是指经过人工爆花工艺的琥珀，里面含有花片状物质，花色造型越是自然则越漂亮。

3. 蜜蜡——年代久的价值高

"蜜蜡"指不透明的琥珀，"香珀"是指摩擦后香味明显的蜜蜡。

4. 水珀——珍贵少见，极具收藏价值

琥珀中有空洞，洞内有水的琥珀则称为"水胆琥珀"，非常少见和珍贵。

↓ 花开富贵蜜蜡手把件，重56.1克，市场价格3万元左右

↓ 内含液体的琥珀称为水珀，稀少珍贵，收藏价值高

↑ 金珀手把件，重63.4克，市场价格每克400～500元

5. 金珀——颜色金黄透明为好

金珀色彩鲜亮，成透明金黄色，具有富贵之美。

在挑选金珀的时候，首先光泽度越透亮越好；其次是花片，花片越
大越好，分布越自然越好，不需太过均匀。

二、大家认为价格便宜的多宝琥珀手串，实际上价格较贵

　　多宝手串指的是由不同颜色的琥珀组合而成的手串，一般包含有血珀、老蜜、蜜蜡以及金珀。对于多宝手串来说，颜色的搭配非常重要，搭配不好外观的感觉就没有那么瑰丽。

　　在大多数人眼里，也许认为多宝手串是由各种琥珀的边角料组成的会比较便宜，但事实恰恰相反，多宝手串由多种颜色的琥珀构成，要求每一粒琥珀珠子都能体现出一个品种的特色，所以多宝手串的价格并不便宜。

↑这个多宝手串，重32.6克，市场价格每克400～500元

三、橄榄形的琥珀手串价格要高于圆形和扁形的琥珀手串

相对于圆形的琥珀手串来说，橄榄形的蜜蜡手串要比圆的或扁的手串价格高，这是因为橄榄形的手串消耗掉的边角料要多。

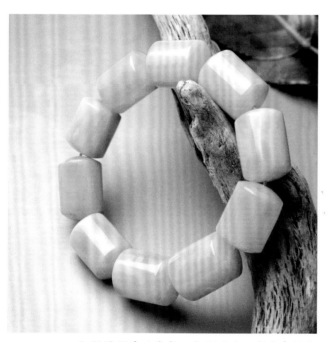

↑ 橄榄形琥珀手串，重44.6克，每克市场价格600～700元

↑ 扁形花珀手串，非常适合年轻时尚的女士佩戴

四、鉴别波罗的海琥珀"三看"：橡树毛、包裹体、冰裂纹

波罗的海琥珀指的是产自波罗的海的琥珀，它的产量很大，占据整个琥珀市场的百分之八十左右，颜色是橙黄透明的。

↑ 波罗的海"金包蜜"琥珀把件，"金包蜜"指的是金黄透明的琥珀中包含着不透明的蜜蜡，这个把件重70.5克，市场价格每克400～500元

波罗的海琥珀的鉴别方法：

首先，看里面是否有橡树毛。

橡树毛在春夏之交的时候会在森林中到处飞舞，这个时候产生的琥珀就很容易带有橡树毛，因此，橡树毛不仅能够帮我们鉴别出是否产自波罗的海，也说明了这块琥珀形成的季节。

其次，产自波罗的海的琥珀内含一些白色的包裹体。

波罗的海琥珀内部物通常会被一种白色物质包裹。

除此之外，波罗的海琥珀中经常有冰裂纹，而且通常情况下能够在裂纹中看到黑色的物质。

五、市场宠儿——多米尼加蓝珀

目前市场上的热门品种是多米尼加的蓝珀，价格从每克几百元到几千元一克不等。蓝珀的边角料矿石大概每克 10 元，一颗大概 100 元，品级高的多米尼加蓝珀，每一颗都闪着蓝光，一串价格在 10 万元左右。

1. 极品蓝珀的颜色是天空蓝

品级好的蓝珀，在透光的时候看，颜色呈淡黄色或是蜜一般的黄色，纯净透明，基本没有什么杂质，若是将它衬在黑底上会浮现蓝色的浮光，颜色如天空般蔚蓝。

多米尼加产的蓝珀一般分为几个品种：蓝绿色调的、偏蓝紫的、偏深蓝的，最顶级的是天空蓝的色调，等级由低到高分别是蓝绿、深蓝、蓝紫、顶级天空蓝。

↑上品蓝珀呈现出天空蓝色调

↑ 蓝珀中较为常见的蓝绿色蓝珀，重 22.2 克，市场价格每克 1000 元左右

2. 不同色彩等级的蓝珀，价格差别很大

在不同颜色的蓝珀中，天空蓝的价格最高，其次是蓝紫，最次的是市场上常见的呈现蓝绿色的蓝珀。蓝绿色调的蓝珀里，荧光越强越好。除了通过颜色分辨品级之外还要看里面的内含物，内含物越少的价值越高。

目前，蓝珀手串的市场价格较高，颜色每相差一个等级价格就要相差许多。根据珠宝城的报价，蓝珀净度为中等品级的黄绿色琥珀价格每克三四百元；深蓝或蓝紫颜色的蓝珀，每克价格五六百元，顶级天空蓝蓝珀的价格一般每克在千元以上。成色越好的价格就越高，消费者在购买时，一定要看好颜色品级再购买。

六、历史悠久的缅甸琥珀中，血珀价值高

　　缅甸是世界上重要的琥珀产地之一，是亚洲琥珀的主要产地。目前缅甸琥珀在批发市场价格一路飙升，不过，缅甸的血珀相对于其他产地来说产量比较大，因此容易从中挑选出高品级的血珀。

　　与波罗的海的琥珀不同，波罗的海琥珀讲究个大，装饰性强，而缅甸琥珀讲究的是中国文化里的低调、内敛，与中国人追求天圆地方、圆润的中式理念相契合。

1. 缅甸琥珀的分类——判断价格先看准颜色

　　缅甸琥珀分为血珀、柳青、黄茶、金蓝、金棕，最为珍贵的是血珀。灯光打在血珀上会呈现出像鸽子血似的颜色，从里往外透出红色，并且能够看到浅表的风化纹存在。柳青在正常灯光下是金色，金色发青；黄茶看上去像是隔夜绿茶的颜色；金蓝和柳青的差别是金蓝是黄色偏蓝，而柳青是黄色偏青；棕褐类的金蓝、金棕琥珀在灯光的照射下呈棕色偏金。

↑ 缅甸花珀外观

金棕

金蓝

黄茶

柳青

↑ 柳青、黄茶、金蓝、金棕对比

2. 缅甸琥珀里的贵族——血珀

在缅甸琥珀的上述几个品种中，最贵的是血珀，每克价格超过百元，其次是柳青和黄茶，再次为金蓝，棕珀价格最低。

除了以上种类，根珀也是深受资深玩家喜爱的品种，尤其受高级玩家青睐，它的价位属于中档，比棕珀价格高一些，高级玩家喜欢根珀。

↑ 这个血珀称为"血包蜜"，非常珍贵，重45.6克，每克市场价格400元左右

↑ 血珀把件，中国嘉德拍卖行2013年3月24日拍卖
　品，成交价23,000元人民币

↑ 多米尼加蓝珀雕葫芦万代把件，北京荣宝拍卖行2013年
　3月31日拍卖品，成交价145,600元人民币

　　近年来，琥珀陡然成为古玩市场的新热门。实际上，琥珀在我国流行的历史不过十几年，而琥珀的中国市场确切地说是在最近两三年才真正开始火了起来的。琥珀由于其产量稀少，价格不断攀升，可谓是一月一涨。琥珀资源稀缺，因此收藏价值很有保障，目前琥珀的拍卖价格上涨趋势非常明显。

七、选琥珀要选个大的，天然琥珀摩擦后可吸引小纸屑

琥珀不像钻石，钻石即使小但只要切割好就会很耀眼，而对于琥珀来说，首先要看大小，块头越大的、厚度越厚的琥珀越好，价格也越高，块头小、厚度扁平的在市场上普遍价格偏低；其次是颜色，越迎合市场需求的颜色会越贵。

除了大小和颜色之外，还有一些挑选琥珀的小方法：

（1）**盐水法**。将琥珀放在1:4的盐水里，如果是天然琥珀会浮起来，而假冒琥珀就会下沉。

（2）**针烫法**。用烧红的针烫琥珀的表皮，天然琥珀会发黑但不粘针，且散发出松香的味道，假的琥珀会拉丝、粘针且有塑料味。

↑琥珀个头越大，净度越好，价值越高

↑ 天然琥珀在摩擦的时候只有很淡的味道

（3）**看光泽**。天然琥珀的光泽温润自然，在光照下，角度不同，颜色深浅和折射感也不同，把琥珀放在验钞机下用紫外线照射，天然琥珀会发出绿色、蓝色、白色等荧光；而假琥珀的光泽显得发冷、质地发硬。

（4）**声音鉴别法**。两个天然琥珀把件，放在手中轻轻揉会发出柔和且略带沉闷的声音，而假琥珀的声音则比较清脆。

（5）**乙醚测试**。天然琥珀的表面用含有乙醚的指甲油、洗甲水擦拭后没什么反应，若是假琥珀则会被腐蚀。

（6）**闻香法**。天然琥珀在摩擦的时候只有很淡的味道，而作假的琥珀由于是人为添加的香料，因此闻上去香味浓而刺鼻。

除此之外，还有一些小窍门：将琥珀在衣服上摩擦一会儿后，若是真品可以吸附小碎纸屑，而假琥珀则不会。

↑ 天然琥珀，光泽温润自然

八、松香与琥珀的鉴别

松香与琥珀不同，是一种未经过地质作用的树脂，不透明呈淡黄色，质地不是很坚硬，用手可捏出粉末，表面有滴状气泡；而琥珀则是质地坚硬、呈透明或不透明，除了蜜蜡有成群的小气泡之外，其他的琥珀内部很少有气泡。

九、塑料与琥珀的鉴别

塑料与琥珀极为相似，有一种较为简单的鉴别方法：是用热针靠在琥珀上，如果是真琥珀会散发出芳香，而如果是玻璃制的仿品则会散发出各种异味。

↑ 带红皮的天然琥珀把件

十、琥珀作假方式大揭底

随着人们佩戴珠宝的风潮日益高涨，琥珀成为了人们最喜爱的玉石品种之一。但是现实生活中，人们对琥珀的认识和了解远没有像翡翠、钻石那般熟悉，且市面上有不少作假的琥珀，因此，为了使对琥珀感兴趣的玩家对琥珀有进一步的了解，这里介绍一些常见的作假方法与鉴别：

1. 热处理

这是一种琥珀优化法，将需优化的琥珀放入植物油中，用适当的温度进行加热；或只在琥珀的表面进行加热。加热后的琥珀将变得更加透明，同时琥珀中的小气泡由于受热膨胀爆裂而产生不同形状的内部花纹，俗称"太阳花"，增加了琥珀的美观程度。

经过热处理的琥珀一般与未处理的琥珀没有太大的区别，只是更加清澈和花更加多了，因此，这种琥珀可以当作天然琥珀。

2. 染色处理

这是一种仿老化琥珀或其他颜色琥珀的方法，具体做法是将较为干燥且有一定裂纹的琥珀放入染剂中进行染色。鉴别方法是用显微镜或放大镜观察裂隙中是否有颜色加重的痕迹，如果有则说明是染色琥珀，也可用蘸了酒精的棉签轻轻擦拭表面，染色琥珀会在棉签上留下颜色。

3. 再造（压制）处理

由于大块琥珀价值高且便于制作成较好的手串等琥珀饰品，因此市面上有一种"再造琥珀"。这是一种将琥珀碎屑或边角料除去杂质后在适当的温度和压力下烧结成较大块琥珀的方法，同时还可添加其他的有机物，如染料、香味精及黏结剂等。

鉴定方法：用放大镜观察，天然琥珀内的气泡为圆形，含有动植物碎屑，而再造琥珀为血丝结构或颗粒结构，沿血丝还可见一些裂纹。

4. 覆膜处理

这种处理方法分为两种情况：一是将调制好的有色或无色调漆均匀地涂抹在琥珀的底部或表面，二是在琥珀表面喷涂亮光漆。这两种做法的主要目的都是仿老琥珀、降低成本、增加透明度、增加重量。

鉴定方法：喷涂的颜色层与原来的琥珀之间无过渡色，一些琥珀的凹处或雕刻线处可见，有时还可以见到气泡、表面不光滑，在琥珀打孔的周围不显眼的地方用针尖轻划，表面的调漆很容易被划起，对着灯光可以发现亮漆是不均匀的。

十一、蜜蜡和琥珀相比，哪一种价格更高

　　在许多消费者看来，蜜蜡和琥珀不容易区分，而事实上，蜜蜡也是属于琥珀的一种，只不过蜜蜡不透明，而大多数人认为的琥珀应该是透明的。

　　在欧洲，人们更偏爱透明的琥珀，而在中国更多人选择蜜蜡，因此，在我国，蜜蜡的价格更高，同样一个琥珀饰品，蜜蜡的价格通常要比透明的琥珀高出好几倍。

↑ 蜜蜡和琥珀对比，这个金珀市场价格6500元左右，蜜蜡价格15000元左右

十二、最好的保养琥珀的办法是长期佩戴

由于琥珀把件爱好者越来越多，掌握琥珀的盘玩和保养方法很重要，下面就介绍琥珀盘玩方法和保养方法。

1. 琥珀的盘玩方法

琥珀有两种盘玩方法：一个是玩成品；另外一个就是玩料子。

成品琥珀把件指的是经过开皮、去皮、打磨后雕刻出来形状的琥珀把件；而玩料子指的是挑选没有开皮或者开了一部分皮的琥珀原石，然后再找雕刻师开皮雕刻成把件。制作好的琥珀把件一般是已经去了皮的，上手盘玩，通过盘玩会改变琥珀表皮的颜色和透度，形成特有的经过时间洗涤的自然光泽，同时保留天然的味道。

↑ 琥珀 18 粒手串把件，北京荣宝拍卖行 2013 年
12 月 15 日拍卖品，成交价 16,800 元人民币

2. 琥珀的保养方法

（1）琥珀害怕干燥高温，因此不可长时间置于阳光下暴晒或是暖炉旁烘烤。

（2）由于琥珀硬度较低，要避免与硬质物体碰撞，应该单独存放，不要与钻石等尖锐物体放在一起，否则，与硬物的碰撞、摩擦会使其表面变得粗糙，破坏琥珀表面的光泽，产生细小的擦痕，从而影响外观和价值。

（3）琥珀尽量不要与酒精、汽油等化学溶剂相接触。女性朋友在把玩的时候要避免与香水接触，喷香水或发胶后要洗干净手后再把玩。

（4）琥珀如果万一划伤，可在软布上放一些牙膏轻轻擦拭后抹上少许橄榄油或茶油然后擦干即可。

（5）如果琥珀沾染上灰尘或其他物质，应及时用温水清洗然后用软布擦干，不要使用毛刷或牙刷等硬物清洗。

最好的保养琥珀的办法是长期佩戴，这是因为人体油脂可使琥珀越戴越光亮。

↑ 琥珀五老观，中国嘉德拍卖行 2013 年 5 月 13 日拍卖品，成交价 55,200 元人民币

↑ 波罗的海花珀，可把玩可佩戴

十三、天然琥珀把玩益处多

琥珀把件不仅是一种把玩之物，给我们带来无限乐趣，而且由于其特殊的结构性质，它还具有养生保健的功效，可有助于修身养性。

（1）琥珀是佛教七宝之一，最适合用来供佛灵修，同时，具有强大的避邪化煞能量，佩戴琥珀饰物能避邪和消除强大负面能量，是经常外出的人们保平安的最佳饰物。西方古时候把它拿来当作除魔驱邪的道具。

（2）金黄色的琥珀被认为可以招财。

（3）由于琥珀形成的原因与过程，被人们认为具有来自大地之母的安定力量，因此它被认为能够让人们在思考时更敏锐。

第四章
橄榄核手把件

橄榄核，质地坚硬，梭形，两头钝尖。
在橄榄核上雕刻的物件称之为"橄榄核雕"，
讲究"毫厘之间集大千世界之妙"。

在市场上，有一种在橄榄核上雕刻的物件我们称为"橄榄核雕"，它可用来佩戴，也可用来在手中把玩。橄榄核雕以其独有的魅力让无数收藏玩物爱好者为之倾倒，它小小的个头里藏着一个宏大的世界，可谓是中华传统文化中一朵引人瞩目的奇葩。

近年来，核雕的价格大幅攀升，与2001年相比一些品质高的橄榄核雕价格上涨了几十倍，有的甚至是上百倍，前期投资者获得了巨大的利益，而对于初级收藏者来说价格很难承受，因此，收藏者和投资者必须挑选那些雕工精湛、题材出挑、艺术造诣强的核雕作品，这些作品在市场上有着不小的升值空间。

一、选购前必知：橄榄核的种类

一般情况下，橄榄核可以按照其形状大小以及颜色进行不同的划分。

1. 按照橄榄核的形状和大小，一般可将其分为如下几类：

❯ **单核**：一般直径超过5厘米的橄榄核称为单核，又称大核，比较适合雕刻单件作品，因此价值很高。

↑ 单核钟馗题材手把件，直径5.5厘米左右，雕工精细，市场价格5000元左右

小核： 直径通常只有1厘米甚至更小的橄榄核，市面上比较少见，因此价格一般也很高。

↑ 小橄榄核，直径通常在1厘米以下

怪核： 形状比较奇特的橄榄核，比如，佛手核或多棱核，这种核本身就是件很特别的艺术品，不用另加雕刻，这种橄榄核因其数量稀少而价格不菲。

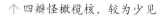

↑ 四瓣怪橄榄核，较为少见　　↑ 正常橄榄核与怪橄榄核对比，正常橄榄核通常是三瓣，图中的这个怪橄榄核是四瓣

>> **细长核**：指的是核体狭长的橄榄核，多用于雕刻核舟题材（"核舟"指的是专门用橄榄果核雕刻成画船和小舟的工艺品）。

>> **圆核**：整体形状较圆的橄榄核，最适合雕刻罗汉头题材。

>> **普通核**：市面上最为常见的橄榄核，产量多，价位不高。

↑ 细长橄榄核，核体狭长　　　　↑ 左边的为圆核，形状较一般的橄榄核更为圆正

2. 按照橄榄核的肉色主要可以划分以下几类：

>> **红金刚**：指表皮发红，肉色稍红的橄榄核；

>> **黑金刚**：指表皮发黑，肉色极红的橄榄核，特点是：易生包浆，上色快；

>> **铁圆核**：指表皮偏黑，白筋密度大的橄榄核，性质比较稳定便于雕刻；

>> **紫核**：指表皮发紫的橄榄核。

二、橄榄核雕要选择"肉厚皮薄"的核子

橄榄核的挑选讲究四个字"肉厚皮薄"，除此之外，还需要考虑质地、颜色、大小等因素：首先是质地，质地越是坚硬的橄榄核在雕刻和

↑ 铁核橄榄雕，八宝观音题材，雕工细致（朱晓龙／雕）

把玩的过程中才不易开裂；其次是色泽，橄榄核的色泽要细润，表面不能有"花点"（"花点"指的是相比于核子其他部分颜色较深的地方）；最后是尺寸大小，极大或者极小的橄榄核价值都很高。

三、鉴别人工染色橄榄核雕手把件
三要则：看颜色、看划痕、看光泽

由于橄榄核雕手把件经过长时间地盘玩，无论是在色泽还是在价值方面都会得到提升，因此，市面上出现了染色橄榄核雕，目的是通过染色使橄榄核呈现出更好的成色，从而提高售价。如何鉴别人工染色的橄榄核雕：

1. 看颜色的匀称程度

经过人手盘玩的橄榄核雕，由于在手中经常摩擦，再加上核雕表面凹凸不平，因此它的突出部分经常和手接触，而凹槽部分却很少接触到，这种情况会使得橄榄核雕变色不均匀，突出部分的颜色会深于凹槽部分；而通过染色的橄榄核雕的突出部分和凹陷部分颜色一致均匀，极其不自然。

2. 看表面是否有细微的小划痕

天然橄榄核雕上面会有细微的小划痕，这通常是由于在盘玩和保养的过程中不够仔细而造成的：

（1）盘玩过程中，大多数人会不注意手的清洁，手中的脏污就如同一张细砂纸般刮磨着橄榄核雕，盘得时间越长，核雕上的小划痕也就越多，因此我们提倡洗干净手之后再盘。

（2）有些玩家除了有不洗手就盘玩橄榄的习惯之外，在清洁橄榄核的时候方法也不得当。比如，由于橄榄核凹凸不平，许多人会使用小刷子清洗橄榄核雕，小刷子经过长年累月的使用，扫除了橄榄核里积累的大量的脏污，但是自身的毛却变得粗糙，继续用这样的刷子清洁核雕，就会在核雕表面划出许多的小细痕，因此真正用手盘出色的核雕，表面一定是有不少小划痕的，相反，用机器抛光染色的橄榄核雕的表面就会显得特别光滑。

3. 看橄榄核雕表面是否透亮

真正经过手的盘玩而变色的橄榄核雕，不仅在颜色上有变化，在光泽方面也会发生改变。盘玩后的橄榄核会变得透亮，尤其是在突出的部分，那是橄榄核雕里最透亮的地方；相反，染色的橄榄核雕只是颜色变深了，而绝对不会产生透亮的感觉。有的商家会在染过色的核雕表面刷些橄榄油，这种手法会使得橄榄核凹凸部分的光泽一样，显得比较死板，而具备天然光泽的橄榄核，突出部分会明显比凹陷的部分透亮。

↑ 左边的天然老橄榄核与右边的新橄榄核对比，
经过盘完后橄榄核颜色深且通体不是特别均匀，
有深有浅，雕刻的题材是水壶（陈亮 / 雕），右
边未上色的橄榄核雕是八宝观音（陈敏 / 雕）

四、辨别机刻核子和手刻核子小窍门，购买不上当

我们都知道，对于橄榄核来说，除了自身的材质之外，它的雕刻工艺也是其价值的重要影响因素。市面上有人工手刻的核桃雕也有机械加工的核桃雕，相比于手刻来说，机刻核雕节省了时间和成本，因此价格很低，有些商家用机刻核雕冒充手刻核雕来出售以谋取高额利润，下面就介绍几种区别机刻核雕和手刻核雕的窍门：

1. 看题材

从题材上看，目前市场上常见的机刻核雕多是一些常规的题材，比如，罗汉头之类的，需要精细雕刻的题材较为少见。

2. 看雕工

从雕工上看，手刻橄榄核雕大多有比较明显的刀痕，尤其在一些图案拐角的地方。

3. 看神韵

从神韵上说，与同等题材的手刻核雕，机刻核雕量大且千篇一律，同一产品除了大小有区别外，其他地方没有任何区别，除此之外，由于出自机械之手，因此，无论是在比例还是线条方面都显得呆板，缺乏自然的神韵和气韵。

五、橄榄核雕好与坏，技法得当是关键

橄榄核雕属于立体微雕，主要采用果核作为材质，用各种刀具在果核上进行修刻，常见的雕工手法主要有三种：

1. 浮雕

浮雕指的是在橄榄核上面雕刻，使所有表现的对象凸起的雕刻技法。在制作的过程中，将非表现主体铲得较浅的成为浅浮雕，铲得较深的称为"深浮雕"。

↑ 十八至尊题材的浮雕橄榄核雕，市面上，橄榄核浮雕作品较为常见，这个尺寸是 2.25cm×4.0cm，市场价格 5 万元左右（周进根 / 雕）

2. 圆雕

圆雕又名立体雕，观赏者可以从不同角度看到物体的各个侧面。圆雕作品立体感很强，且雕刻的主题生动逼真，制作一件雕刻作品，大致需要经过设计——去荒料——定型——粗雕——细雕——磨光——上蜡等几道工序才能完成，所以圆雕这种技法对橄榄核子材质的选择要求比较严格。

↑ 圆雕作品立体感很强，观赏者可以从不同角度看到物体的各个侧面

圆雕作品十分讲究各个角度和方位的和谐统一，只有这样，才能留住观赏者的视线。

3. 镂空雕

镂空雕，又称"透雕"，指的是将橄榄核凸出的部分保留，而将其背面的部分进行局部镂空的一种雕刻手法。这种手法可以制造一种透视的美感。

橄榄核雕的多种工艺中，镂空雕的作品由于雕工细、比较脆弱，所以不适合当作手把件把玩，比如，透雕的龙、胡须突兀的罗汉头。

↑ 橄榄核为材，色泽棕红沉郁，采用镂雕、浮雕技法。2014年6月14日在苏州"吴地集珍"春季艺术品拍卖会上拍卖，预估价8000元左右

由于橄榄核雕主要看雕工和色泽，因此，在各大拍卖会上，同等成色的橄榄核，雕工好的拍卖价格高，尤其是名家作品，具有很大的收藏投资潜质，非常受玩家欢迎。

六、具备升值潜力的橄榄核雕五要素：材质、题材、比例、线条、韵味

橄榄核雕作品能成为一件好的艺术品，除了出自名家之手之外，以下几点也是购买和欣赏核雕艺术品时必须注意的因素：

1. 材质

老核要比新核好。新核指的是橄榄摘下去皮后存放 5 年以内的橄榄核，而熟透了的橄榄摘下去皮后存放 5 年以上的叫老核。选择橄榄核雕的时候要尽量选择老核，这是因为新核存放时间不长，水分没干透，雕刻出来的作品非常容易裂，新核颜色发黄；老核正好与新核相反，颜色发红，不容易开裂。

↑ 这个老核橄榄核雕，颜色发红，一面是字"清茶圣明月茶一杯"，另一面是画

↑ 这个橄榄核雕刻的是苏州园林的题材，雕工极为精细，毫厘之间见园林之妙，非常难得的作品（陈云华／雕）

2. 题材

在选择橄榄核雕题材的时候，除了依据自己的喜好，还需要看它的题材新颖与否。橄榄核的题材本身就体现了核雕艺人的想象力和创造力，因此，题材新颖、立意高远的作品价值很高。

3. 比例

好的橄榄核雕要符合恰当的比例关系，只有满足了这个条件，整件作品才算得上和谐完美，因此，一个缺乏良好的比例关系的一个橄榄核雕，即使再怎么附加细节和装饰都很难达到完美的状态。

↑ 十八罗汉橄榄核雕，雕工非常精细，神情传神逼真，市场价格3万元左右（犀远/雕）

4. 线条

一件优秀的橄榄核雕艺术品，不仅线条的排列和组合要有一定的规律，不可杂乱无章，同时线条的动感弧线应该自然流畅。

5. 韵味

韵味，就是橄榄核雕艺术品所内含的气韵和神韵，同样一个题材，有的大气，有的温婉，这就是因为作品本身所体现的韵味不一样。

七、橄榄核快速上包浆的诀窍

众所周知，有包浆的橄榄核把件可大大降低开裂的风险，增强安全

系数。那么，如何才能快速玩出包浆呢？这里介绍一种方法：

新核盘玩一到三个月后，把核雕串成项链戴在脖子上，半个月就会变得非常红润亮泽，核壁自外而内显现出深红色泽。

八、橄榄核把玩有：推、按、掐、搓、摇

对于橄榄核雕把件来说，有多种把玩方法，常见的有：推、按、掐、搓、摇。

"推"指的是将橄榄核放在手臂上，然后慢慢向前推动，可起到加速血液循环的功效；按指的是把橄榄核放在手掌上短促揉搓；掐指的是用拇指和其他指头用力捏压；搓指的是在手掌中上下揉搓橄榄核，每天坚持几次可以保肝健胆；摇指的是在手上上下摇晃核子。

工作闲暇之时，运用以上几点多多盘玩橄榄核，不但可以尽快给核子上包浆，而且还能陶冶情趣、保健身体。

九、橄榄核雕保养关键在"防开裂"

橄榄核雕是很巧妙、实用的名玩，既可以作为手玩件把玩，也是人们随身佩带彰显身份的饰品。

橄榄核雕采用原料为橄榄核，核属木质，最可怕的就是会开裂，这里就说说如何保养橄榄核雕的问题：

1. 防开裂

开裂是橄榄核最容易出现的问题，这主要是因为橄榄核内与核外的湿度不一样所导致的。橄榄核一般由三瓣构成，三瓣之间有核仁。一般情况下，橄榄核被雕刻成作品后掏掉核仁就会形成了三个空囊。如果囊里面的空气湿度比外面湿度高且相差悬殊的话，里外失去平衡则会导致核里的湿润向外膨胀，核桃就会开裂。预防开裂需要做到防水、防干燥、防高温：

↑ 开裂是橄榄核最容易出现的问题，在暖气和暖空调的环境中，要使用加湿器防开裂，若是开裂了，会大大影响这么好的橄榄核雕作品的价值

首先是防水。橄榄核如果长时间接触水的话，囊里的水分蒸发慢而外表的水分蒸发快，将由内向外发生膨胀导致开裂。万一橄榄核不小心掉入水中，不要急于烘干，用一个保鲜盒留下一些缝隙让其慢慢蒸发掉水分。

其次是防干燥。橄榄核是木质材质，因此特别容易开裂，而干燥就是开裂的一大诱因。平时我们在保养橄榄核的时候，要避免将其放在太阳光或高温灯光下长时间暴晒、烘烤，另外，风吹也是导致开裂的重要原因之一，尤其是在北方地区，短时间的风吹就容易造成橄榄核开裂。

冬季的时候，在室内，如果使用了暖气或暖空调，一定要使用加湿器加湿，不然橄榄核一定会开裂；除此之外，要切记，要把橄榄核放在外衣口袋中，有许多人喜欢将橄榄核放在内衣的口袋里，人们冬季穿的衣服通常多且厚，人的体温对核子起了一个"烘烤"作用，这就容易导致橄榄核开裂。

Tips

在天气干燥的北方保养橄榄核把件的要点：

1. 新购买的橄榄核，在一开始的一到三个月以内要尽可能多地盘玩它，每天盘玩三个小时左右，目的是给橄榄核上包浆，待到表面出现包浆后就不容易开裂了，盘玩前可适当地刷上一层薄薄的橄榄油以加快包浆形成。

2. 有暖气或者空调暖风的房间一定要用上加湿器，否则容易导致橄榄核开裂。

3. 对于橄榄核尤其是对新核来说，要远离水浸、风吹和高温。

4. 冬季不要把橄榄核放在里面衣服的口袋里，而应该放在外衣的口袋里。

总而言之一句话，最好的保养还是在于多多地盘摸把玩。

2. 上油

要适当给橄榄核抹油。虽然说橄榄核本身内部有很多油性物质，但是随着时间地推移，油性会慢慢消散，油少则易裂，因此要上油来补充它的油质。给橄榄核抹油，不宜过多也不可过少，过多会出现花斑，过少不能补充足够的油。

上油的具体方法如下：使用较为柔软的毛刷蘸上少许色泽淡的油质，比如橄榄油，让油均匀地覆盖在毛刷上，然后刷在橄榄核上，切忌一次性涂抹大量的油，如果是没有完全成熟的橄榄核会因刷油过多而产生花斑，为了避免发生这种情况，油涂抹到周身泛微光即可，最保险的办法是上油后等两分钟，仔细观察核雕表面，若是出现深色的花斑立即用纸擦干以免更大范围地扩散，若是新核已经涂花了的话，把玩一个月左右再少量上油，这时核子表面已经出现了一层浅浅的包浆，降低了花斑出现的可能性。

花斑会破坏橄榄核的品相，但要是真的出现了这样的情况，玩家们也不必过于担心，这个时候应该尽可能多地把玩它，经过一年多的时间后，橄榄核整体的颜色会变深变红，花斑会慢慢淡去直至消失。

第五章
葫芦手把件

作为手把件，文玩葫芦的把玩历史悠久，葫芦与"福禄"谐音，因此，人们赋予了它美好吉祥的寓意。

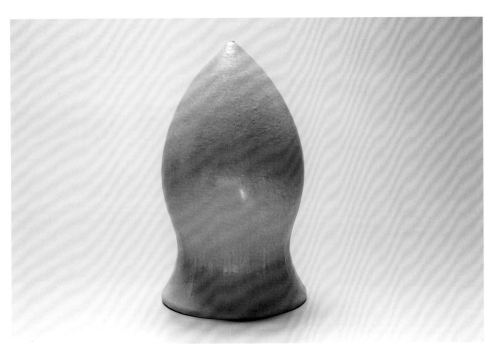

↑ 文玩葫芦，顾名思义，就是指在手中把玩的葫芦

　　"壶""卢"原本是两种盛酒和饭的器皿，由于葫芦的形状、用途都与之相似，因此人们把"壶""卢"两词合在一起把这种植物命名为"壶卢"，后来人们约定俗成地写作"葫芦"，一直延续至今。

　　文玩葫芦，顾名思义，就是指在手中把玩的葫芦。一般8厘米以下的葫芦称为手捻葫芦，手捻葫芦越小越好，普通的手捻葫芦高度一般在4～6厘米，价值更高一点的手捻葫芦高度是3～5厘米，2厘米的称为"草里金"，是手捻葫芦的极品，非常罕见且价格高。

　　手捻葫芦作为手把件的品种之一，其造型美丽，盘玩一段时间之后，会变得更有光泽更加漂亮，因此吸引了越来越多的玩家选购。除此之外，葫芦凹凸有致的外型，在手里盘玩时可以活动手指和刺激手掌上的神经及肌肉，可以按摩穴位，达到健身养生的功效。

　　葫芦和"福禄"谐音，因此，人们赋予了它美好吉祥的寓意，象征着幸福、富贵、长寿，在古代就有不少以葫芦为题材创造的艺术作品。如今，越来越多的人手里都拿着文玩葫芦盘玩，养身又养心，葫芦盘玩的方法比较讲究，手捻葫芦盘玩得好会呈现出紫红色，甚至是如枣一般的枣红色。

一、文玩葫芦按照生长方式可分为两种：
本长葫芦和范制葫芦

市面上的葫芦有些是自然长成的，有的是人为因素影响下生长的，总体来说，可以大致分为两类：本长葫芦和范制葫芦。

1. 本长葫芦，又称"天然葫芦"

所谓本长葫芦，指的是成长过程中，没有任何人为因素干扰的天然长成的葫芦。天然成型的葫芦，生得端正匀称十分难得，因此这样的葫芦价格也会比一般的葫芦价格要高。

2. 范制葫芦，又称"模子葫芦"

范制葫芦，又称"模子葫芦"，指的是利用葫芦生长时期较为娇嫩的特点，依据人的意愿，用模子控制其生长，使其在模具空间内长大成型后取下模具。范制葫芦相比于本长葫芦来说，形状更加规整。

↑ 勒扎葫芦大多是采用绳子或是其他工具绑在葫芦的某一部位上，让葫芦长出捆绑时候的样子

> 勒扎葫芦与范制葫芦的异同

勒扎葫芦与范制葫芦在制作原理上大致相同，都是通过一些工具和技法对葫芦的生长过程进行干预，使葫芦长成人们希望的样子。不过，勒扎葫芦与范制葫芦也存在着不同之处：勒扎葫芦大多是采用绳子或是其他工具绑在葫芦的某一部位上，大多用来制作烟壶、揉手、呼鸟之类的小物件，而范制葫芦使用的模具种类要广泛许多，制作出来的葫芦品种也比通过勒扎技术制作出来的更多。（呼鸟：指的是用葫芦制成的一种寻鸟器具，在它里面灌满砂石，摇晃可发出清脆的响声，以此来呼唤鸟儿们。揉手：相当于常见的健身球，就是将两个通过勒扎工艺制作出来的球状葫芦在手中盘玩，从而起到舒筋活络的作用。）

二、常见的把玩葫芦：手捻葫芦和匏器葫芦

在文玩葫芦里，经常在手中把玩的葫芦一般有两种：手捻葫芦和匏器葫芦。手捻葫芦多拿在手中把玩，匏器葫芦是用来玩虫的葫芦。

1. 手捻葫芦品种：美国手捻、本地手捻、草里金

手捻葫芦品种较多，形状上面小底下大，市面上美国手捻和本地手捻（本地手捻指的是北京的葫芦，又称"北京葫芦"）较为常见。美国手捻和本地手捻两者在外形上有所区别：本地葫芦的脐比美国葫芦的脐更小，美国手捻的脐和指甲盖差不多大。

2. 匏器用于玩虫，越老越值钱

"匏"是指藏物的器皿，因此用于玩虫的葫芦，又可称作"匏器"。匏器葫芦的历史悠久，从一开始用来储放东西到后来用于玩虫。匏器葫

↑ 美国手捻，脐和指甲盖差不多大

芦的尺寸大小不一，因此适合玩不同种类的昆虫，由于蝈蝈的个头比较大，因此腰特别细的葫芦不适合用来养蝈蝈；尺寸较小的匏器葫芦可用来养小个头的油葫芦。另外，匏器葫芦越老越值钱。

↑ 八骏马题材的棒子葫芦，主要是用来养蝈蝈的

↑ 矮帮虫具，主要用来养油葫芦

3. 手捻葫芦里的贵族——草里金

一般 8 厘米以下的葫芦称为手捻葫芦，由于小葫芦产量少，因此品质好为前提，手捻葫芦越小越值钱。普通的手捻葫芦高度一般在 4 ~ 6 厘米，价值更高一点的手捻葫芦高度是 3 ~ 5 厘米，个头小于 2 厘米的手捻葫芦称为"草里金"，是手捻葫芦的极品，价格高。

↑ 草里金，即个头小于 2 厘米的极品手捻葫芦

三、有黑斑、有疤癞、有花皮的葫芦不可选

不管是挑选手捻葫芦还是匏器葫芦，都要仔细观察葫芦上面是否有黑斑、疤癞和花皮，这三点会大大影响葫芦的价值，如果有的话，这些瑕疵在把玩之后也不会消失，不仅影响美观，而且这种葫芦价值非常低，不建议选购。

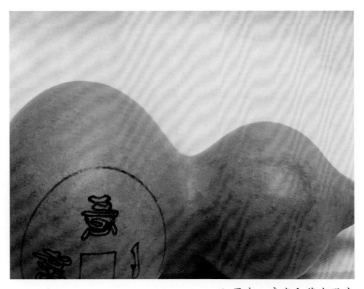

↑ 黑斑、疤癞和花皮瑕疵

四、手捻葫芦越小越值钱

手捻葫芦，指的是已经成熟但是没有长开的葫芦，集把玩、健身和收藏于一体。手捻葫芦越小越好，但在把玩的时候切忌不可用力过大，一般情况下，新的手捻葫芦经过一年左右的时间盘玩之后，就会开始出现包浆，呈现出更加油润的光泽。

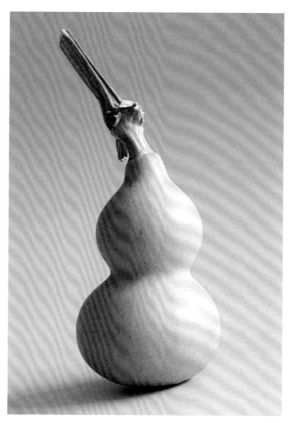

↑ 手捻葫芦，把玩的时候切忌不可用力过大

在挑选手捻葫芦的时候，需要注意以下几点：

（1）好的手捻葫芦，表皮应该是光滑亮泽的，不可有明显的刮伤或者阴皮、花皮等瑕疵。

（2）手捻葫芦在品相姣好的前提下，越小越值钱。这就是说，不能只靠尺寸来判断手捻葫芦的价格高低，要综合考虑品相和大小。

（3）选择手可以完全包住的手捻葫芦。手捻葫芦的大小要合适自己的手，以手握的时候可以完全包住为佳。

（4）好的手捻葫芦一定要有"龙头"。"龙头"指的是葫芦顶端的蔓藤。一个好的手捻必须要有龙头，龙头的品相也直接影响葫芦的价格。

五、如何挑选小葫芦：成熟度、颜色、形状、大小

手捻葫芦一般指小葫芦，小葫芦一般在十月左右成熟，下面来介绍一下小葫芦的挑选：

1. 小葫芦一定要挑选完全成熟的

成熟的葫芦外壳是比较坚硬的，利用这点，可以通过一个小方法来判断小葫芦的成熟与否：用指甲盖轻划葫芦表面，如果产生小划痕，说明小葫芦的外壳尚软，不是完全成熟。不成熟的葫芦不可选购。

2. 葫芦颜色要全身一致，形状要饱满

挑选小葫芦的时候，葫芦全身的颜色必须一致，不能有色块。

3. 葫芦的形状应该饱满完好，龙头不可少，表皮要光滑，底部的"脐眼"越端正越好

葫芦行里有一句行话叫作"不缺翻"，葫芦的下肚比上肚大叫"不缺翻"，上肚比下肚大叫"缺翻"，不管是挑选小葫芦还是大葫芦，都要挑选不缺翻的葫芦，形状比例比较好看。

4. 小葫芦，尺寸越小越贵

手捻葫芦以小为贵，越小越贵。新葫芦尺寸在8厘米以上的不值钱，十元以下都能买到；5厘米左右的几十元左右；3厘米左右的要几百元左右。

六、匏器葫芦的鉴赏和把玩

匏器葫芦的构造主要分四部分：口、盖、蒙芯、葫芦身。口指的是粘在葫芦上的圆环，材质一般有象牙、紫檀、红木、花梨等；盖指的是罩在口上面的盖子；蒙芯指的是匏器葫芦最上端的和盖相黏合的部分。

匏器作为一种虫具，种类丰富，各具特色，不同形状大小的匏器适合养不同的昆虫，下面就来介绍几种常见的匏器葫芦：

1. 棒子葫芦外形细长、肚不是很鼓

棒子葫芦的外型细长、肚不是很鼓，像圆木棒，因此得名。棒子葫芦器身为直筒型，容积较大，一般适合专门用来养蝈蝈，效果最佳，发出的声音浑厚低沉。

↑ 棒子葫芦，像圆木棒

2. 鸡心葫芦脖粗腹鼓

鸡心葫芦，顾名思义，形状如同鸡心一般。它的特点是：脖粗腹鼓，下部较尖。鸡心葫芦在历史上出现的时间较早，在清朝咸丰年间就已经非常常见了。鸡心葫芦由于其内部空间比较大，主要用来养蝈蝈，发出的声音洪亮动听。

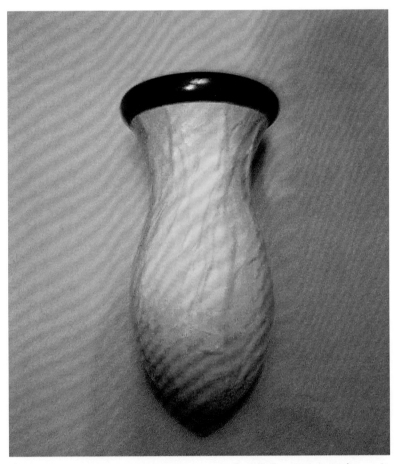

↑ 鸡心葫芦，形状如同鸡心一般

3. 柳叶葫芦外形如柳叶

柳叶葫芦，顾名思义，外形如柳叶一般，下部也比较尖，和鸡心葫芦非常相似，但是比鸡心葫芦更细长一些，它的用途和发音效果和鸡心葫芦一样。

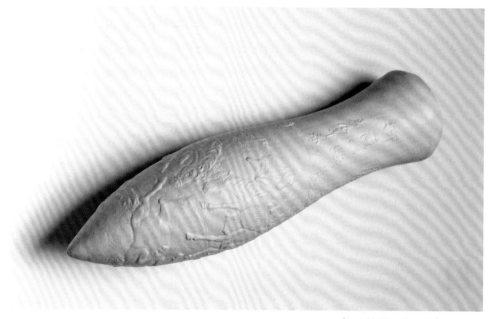

4. 油瓶葫芦

油瓶葫芦的内部空间也比较大，适合养蝈蝈，发出的声音洪亮而低沉，它的主要特点是：细长的脖子与腹部形成明显的差异，现在并不多见。

↑ 油瓶葫芦，适合养蝈蝈

5. 花瓶葫芦

花瓶葫芦的主要是用来养蟋蟀的，它的主要特点是：下部为圆球状、脖子在整体的中下部位置。

七、出自名家之手的工艺葫芦，升值空间大

前面讲的勒扎葫芦和范制葫芦都是属于在葫芦生长时期的加工工艺，接下来讲讲针对成熟葫芦的加工和制作工艺。

1. 火绘葫芦

火绘葫芦又称为"火画葫芦"，出现于清代，一直流传至今。火绘葫芦指的是技艺师用极细的火针在葫芦上烫出花纹图案，有山水、田园、人物、书目等各种各样的图案。皮色较淡的新葫芦比较适合用来烙成火画葫芦，皮色过深的葫芦烙痕难以明显呈现出来。

← 火绘葫芦，指的是技艺师用极细的火针在葫芦上烫出花纹图案，有山水、田园、人物、书目等各种各样的图案

2. 押花葫芦

押花葫芦的原理：先在葫芦上画出所需要的花纹图案，使用质地坚硬且钝刀的工具，通过挤、押葫芦表面，使其表面出现如浮雕般的花纹图案，这种工艺不会损伤葫芦的皮肉，纹理清晰，立体感强，手感非常好。

↑ 押花葫芦

3. 针刻葫芦

针刻葫芦，指的是用针尖在葫芦上刻画各种图案，需要选用色泽如古董画般的葫芦。这种技法工艺精湛，在过去十分受上流社会以及文人雅士喜爱。针刻葫芦的价格日渐走高，值得投资收藏。

4. 刀刻葫芦

刀刻葫芦，指的是用玛瑙刀等工具在葫芦上刻制图案。如果是出自名家之手的刀刻葫芦，集艺术性和收藏价值为一体，价格升值空间较大。

八、真假老葫芦做旧手法大揭秘

众所周知，葫芦经过长时间的把玩之后，颜色逐渐变红再变紫色，越来越光亮润泽。因此，盘玩出来的老葫芦价值远远比一般的葫芦要高，因此，市面上出现了不少做旧的老葫芦。

1. 揭秘几种常见的做旧手法

》 茶水煮色法

将葫芦放到红茶或者红木水中高温浸泡或者煮一段时间，使得茶水的色彩进入葫芦表皮里面。

》 光照涂油法

将葫芦放置在阳光下暴晒一段时间后，用较为密闭的布蘸上干净的油涂在葫芦表面，这两个步骤交替进行可以极大加速葫芦的变色过程。

》 高温油炸法

将葫芦浸泡在高温的食用油中，葫芦会变色，看上去有"古色古香"的感觉。

2. 鉴别真假老葫芦

无论葫芦做旧手法如何高超，自然的老葫芦和人为的老葫芦还是有办法可以将其区分开来的，下面来介绍几种简便易行的鉴别方法：

（1）看光泽。自然变色的老葫芦光泽如红玉般内敛不刺眼，而人工做旧的老葫芦虽说颜色像是老葫芦的颜色，但是它的光泽生硬不自然，较为刺眼。

（2）看内壁。真的老葫芦内壁的颜色呈灰黑色，显得比较陈旧且经常伴有虫蛀的痕迹，而人工的老葫芦内壁颜色和外壁相同，看得出浸泡染色的痕迹。

（3）看整体颜色。真的老葫芦各部位的颜色不是完全一致。盘玩多的地方色泽会较深，相反，人工的老葫芦整体色泽差不多是一样的，由于它的颜色是人为加上去的，因此经过一段时间盘玩之后，盘玩摩擦多的地方颜色反而会更浅。

（4）看手感。做旧的葫芦摸上去较光滑，而真正盘过的老葫芦，摸上去会有些颗粒感。

九、新葫芦挑选三要则：干、滑、净

新葫芦指的是当年摘下的葫芦，在选购新葫芦时要注意以下三点：

（1）在挑选新葫芦的时候，尽量挑选干透了的为佳，葫芦外观要漂亮、脐眼要正。

（2）上手揉搓一下葫芦，手感越是润泽光滑越好；另外，新葫芦由于是当年摘下的，所以会有一些水分未完全挥发掉，上手后会有坠手感。

↑ 葫芦和"福禄"谐音，因此，人们赋予了它美好吉祥的寓意

（3）葫芦的皮色要像水一样干净，没有一点瑕疵，但不可以呈现出惨白色，惨白色的葫芦是用药水浸泡过的。

（4）新葫芦的味道用鼻子闻起来有一股浓浓的自然葫芦香气，如果闻起来刺鼻，则说明葫芦经过了处理加工，不建议选购。

十、葫芦手串怎么挑：葫芦粒尺寸要一致，镶嵌要紧密

市面上经常可以看到一些葫芦手串。葫芦手串如何挑：一是葫芦手串上的每个葫芦粒的外观要看上去和谐均匀，再者就是葫芦之间的镶嵌工艺要严丝合缝。

↑ 葫芦手串

↑ 竹筒形葫芦手串

十一、葫芦如何才能越玩越有趣，越玩价越高

葫芦虽然并不像翡翠玉石一般娇贵，但是在盘玩的时候也要注意保养，好的保养可以增加葫芦的艺术价值和收藏价值。

1. 新葫芦买回家后不要急于把玩。

由于新葫芦没有完全干燥，里面有一定的水分和油脂要经过一段时间才能会挥发掉，因此，如果这个时候上手把玩的话，容易将脏东西沁入葫芦表皮，因此，建议把有水分的葫芦打开口盖后放到太阳光下晒一晒，有助干燥且避免晒裂。

2. 为葫芦配备一个锦套

盘玩葫芦时不要用力太大，不要和利物发生刮碰，否则容易磨伤葫芦。为葫芦备一个锦套，不玩的时候可以将其存放在里面，很好地保护了葫芦的外皮。

3. 葫芦也要多晒太阳

多雨时节，葫芦容易受潮导致发霉，因此，要常将葫芦拿去晒晒太阳以保持其干燥度。

4. 温度过高要给葫芦抹油

葫芦要保持干燥，但是经不起高温，平时可以偶尔给葫芦抹抹油，但由于葫芦容易沁油，所以浸润一会儿后一定要擦干净，汗手玩葫芦最好带上白手套。

5. 盘玩葫芦，保护龙头很重要

手捻葫芦的龙头很重要，在盘玩的时候，要保护好龙头，具体方法如下：先用红绳缠上龙头，然后让出龙头后再盘玩，大拇指轻轻地握在葫芦上面，小拇指在下面，轻轻盘馈。

葫芦具有"福禄"的谐音象征，自古以来就被当作招财纳福的吉祥物，寓意大吉大利，为民间所喜爱。文玩葫芦的制作工艺在清朝时期达到顶峰，种类多、纹饰图案也丰富多彩，因此，近年来，清朝的文玩葫芦价格一路攀升，2013年，一套晚清时期的官模子蝈蝈葫芦（九具）更是在中国嘉德拍卖行拍出了80万元的高价。

↑ 官模子蝈蝈葫芦（九具），中国嘉德拍卖行 2013 年
11 月 17 日拍卖品，成交价 805,000 元人民币

↑ 官模子蝈蝈葫芦（九具），中国嘉
德拍卖行 2013 年 11 月 17 日拍卖
品，成交价 667,000 元人民币

↑ 鲍模钟鼎插花蝈蝈葫芦，北京翰海拍卖行 2013 年 6 月
2 日拍卖品，成交价 57,500 元人民币

↑ 三河刘和尚头式油壶鲁葫芦（两具），中国嘉德拍卖行
2013 年 11 月 17 日拍卖品，成交价 667,000 元人民币

第六章
水晶及宝石手把件

一直以来，水晶都是宝石家族中的一名
重要成员，它以其丰富的色彩、剔透的质感、
变幻万千的形态为世人所珍视和喜爱。

水晶，别名水碧、水精、水玉，是一种石英结晶体矿物，它的主要化学成分是二氧化硅。

一、绿幽灵水晶中，金字塔类价值最高

绿幽灵水晶是水晶的一种，又被称为"绿色幻影水晶""苔藓水晶"和"庭园水晶"。它的典型特征是包含了绿色火山灰等内含物，在晶体中常常呈现出云雾、水草等天然的形象。

绿幽灵是水晶手串中的经典款，内含各种火山泥内包物，极具观赏价值，尤其适合男性佩戴。

1. 绿幽灵内含物的形状以金字塔形为最好

绿幽灵按照内含物的形状可分为四类，品级由高到低分别是：金字塔类、聚宝盆类、混合类和分散类。

↑ 绿幽灵呈金字塔状的价值最高，重 12.8 克，市场价格 3 万元左右

2. 判断聚宝盆类水晶价格主要看三点：内含物、通透度、背部是否有红皮

判断聚宝盆类水晶价格主要看三点：内含物、通透度、红皮。首先，聚宝盆类的绿幽灵的内含物占整个晶体的一半左右为最佳。其次，水晶的晶体越通透越好。棉絮或杂质越少的水晶通透度越高，价格也会越高。最后，背部有红皮的水晶，价格会大打折扣。（"红皮"特指绿幽灵中出现的红色及其他颜色火山泥）

↑ 内含物占一半以上的聚宝盆绿幽灵把件，重145.4 克，市场价格 10 万元左右

↑ 内含物较少的绿幽灵把件，价格较低

Tips

挑选绿幽灵看好这三点再出手：

（1）灯光照射下，有星光效应的为上品。

（2）晶体通透，没有杂质。

（3）幽灵全包裹在水晶里的价值高。

二、挑选钛晶，板状发丝越多越宽越好

  钛晶的晶底主要为白水晶或茶晶，经过阳光或灯光的照射会变得更加璀璨亮丽。钛晶的学名叫"金红石"，内含针状发丝般的矿物质。钛晶被称为"水晶之王"，里面凌乱的发丝是钛金属。在选购钛晶的时候，发丝形成板状为佳，越宽越好。

↑ 钛晶手把件，发条形成了板状，市场价格在 10 万元左右

三、金发晶挑选三字真经：顺、多、粗

金发晶是水晶里名贵稀少的品种，其内含物为发状或针状的金色发丝，挑选金发晶时，发丝成板状且宽，发条顺且多的价格高。

→ 发丝较多的金发晶把件，珍贵稀少，重 92.2 克，市场价格 15 万元左右

四、买发晶一般不会买到假货

在水晶家族里，买发晶是买不到假货的。这是因为发晶的作假需要用激光往晶体里面打，这样做出的发丝都是直线且不自然，因此，发晶的特殊结构基本上杜绝了造假的可能，所以发晶是少有的无假货的品种。

铜发晶的内含物为细密的金红色发丝，成分多为针状金红石或钢状金红石。铜发晶中，发丝排列基本在同一方向称为顺发，铜顺发非常名贵；灯光下产生猫眼效应称为"铜发猫眼"，是稀有珍贵的品种。

判断铜发晶的价值，发的多与少是重要的判断标准。铜发晶以发丝顺且多、颜色金红、晶体通透、冰裂少者为佳。

↑ 顶级铜发晶"福禄"把件，内部长满了发丝，有猫眼效应，重330克，市场价格20万元左右

↑ 内部发丝不够饱满的铜发晶，价格较发丝满的铜发晶便宜

五、女性不可错过的红发晶

红发晶（或称"红兔毛水晶"）可以说是为女性量身定做的一种发晶，它散发出一种现代女性温婉、自信的气质，它还有一个非常美丽的名字叫"维纳斯水晶"。红发晶内含物是网状结构的金红石，像细密的发丝互相缠绕，发丝越均匀品质越好，红发晶目前在市场上很受欢迎，特别适合女性佩戴。

↑ 这个红"兔毛"把件，色彩柔和，俏色巧雕成了两个甲虫，取"富甲一方"之意

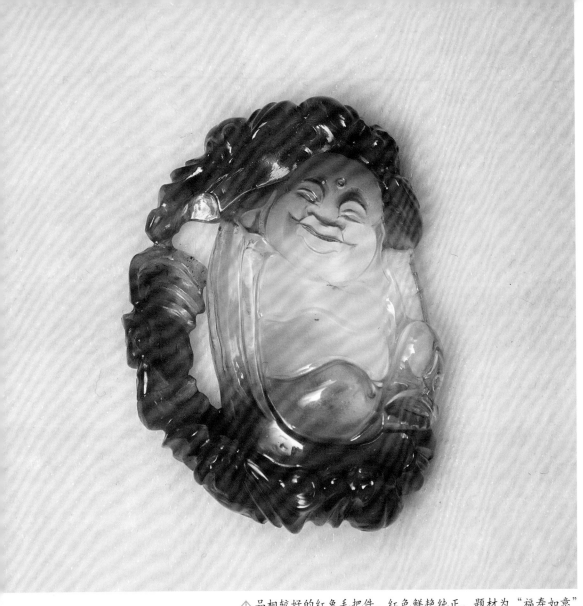

↑ 品相较好的红兔毛把件，红色鲜艳纯正，题材为"福寿如意"

六、市场上卖得最火的红纹石哪种价格高

说到目前市场上卖得最火的水晶品种当属红纹石了。它是阿根廷的国石，在阿根廷，男朋友或女朋友把红纹石放在水里许愿，夜里月光照射，象征着有求必应的美好愿望。

一般品级的红纹石多为粉色且有乳白色条纹，晶体不透明；极品的冰种红纹石没有白色条纹，呈半透明结晶状，价值高。

↑ 未经雕刻的极品冰种红纹石把件，质地好，重
23.4 克，市场价格 3.5 万元左右

七、白绒发与白水晶价格相差大

在无色透明的水晶中，内含物是微细的发状透闪石，看上去像兔毛一样毛绒绒的，这种水晶被称作"白兔毛"水晶，它是白水晶中最好的品种。

↑ 品质好的"寿星"白绒发手把件，重 12.2 克，
市场价格 9000 元左右

八、碧玺不是严格意义上的水晶

从严格意义上来说，由于碧玺和水晶的化学成分不同，因此碧玺并不能算作真正的水晶。碧玺的化学成分主要是电气石，而水晶的化学成分主要是二氧化硅。

我们之所以在这里提到碧玺，这是因为碧玺是包裹在水晶里生长的。高品质的碧玺需要满足以下条件：颜色鲜艳、晶体通透纯净、体积较大、切工高超。

1. 红色碧玺价格排第一

碧玺的颜色是宝石里面最为丰富的，有单色的也有多色的。单色的通常有红碧玺、蓝碧玺、绿碧玺、黄碧玺等。碧玺的颜色等级从高到低排列是：红碧玺排第一，蓝碧玺排第二，绿碧玺排第三。同种色系的碧玺中，颜色越正越鲜艳的价值就越高。

2. 罕见的猫眼碧玺，极具投资收藏价值

有一种碧玺，它内含许多针状包裹体，光下可见一条亮光线，整体看上去特别像猫眼，被称为猫眼碧玺。

> **Tips**
>
> **如何识别注胶碧玺**
>
> 注胶碧玺指的是给碧玺填充胶以遮掩一些裂纹和杂质的手法。注胶充填手法主要用于一些内部冰裂纹多、通透性差、质地较疏松的碧玺，通过注胶可以提高其通透度。注胶处理过的碧玺，质地不够清澈，光泽较差，有胶状的混浊感。

九、草莓晶不一定是粉色的，点状物质越多价格越高

草莓晶是含有红色片状或短针状的水晶，因其外观像草莓，内部包含着星星点点的物质像草莓上的果籽，因此而得名。市面上常见的草莓晶通常是颜色偏粉的，它属于长石类的草莓晶，其实草莓晶不一定都是粉色的，还有一种产自俄罗斯冰原的水晶类草莓晶，它是受国际公认的草莓晶，平时比较少见，属于发晶的一种。通常情况下，水晶类的草莓晶价格高过长石类的草莓晶。

挑选草莓晶的时候，晶体越通透，内含点状物质越多的品质越好，价格也越高。

← 粉色草莓晶 108 颗串珠把玩件，外观像草莓，内部包含着的星星点点的物质像草莓上的果籽

十、紫红色石榴石，具备投资收藏潜质

石榴石水晶的颜色主要有紫红色、酒红色和橙红色三种，目前市场上，价格最高的是紫红色的紫牙乌石榴石，其次是橙红色，最便宜的是酒红色，酒红色的石榴石在早期比较流行。挑选时，透过光看，棉、裂、杂质越少的晶体等级越高，价格也越贵。

↑ 现在十分流行的紫牙乌石榴石，
这个颜色品级是石榴石里最好的

十一、海蓝宝主要看两点：颜色蓝不蓝，品级高不高

海蓝宝的名字来源于拉丁语的"海水"，硬度较高，属于绿柱石家族。判断海蓝宝的品级主要看两点：一个是蓝不蓝；另一个是品级高不高。颜色如海水般湛蓝，品级高的海蓝宝价格高。

十二、十倍放大镜——鉴别紫黄晶的好帮手

　　紫色水晶主要分为纯紫晶和紫黄晶。紫黄晶是紫晶里的贵族，兼具紫晶与黄晶的特性，体内会有天然的冰裂及云纹。

　　市场上，由于紫黄晶的售价高，因此许多商家会把紫水晶加热后当成紫黄晶售卖。鉴别天然紫黄晶有一个最直接的方法，就是在透射光下用十倍放大镜看晶体内是否有气泡，有气泡的基本上可以确定为人工紫黄晶。除此之外，天然紫黄晶里面有纹路和自然色带。

↑ 天然紫黄晶，颜色渐变，有自然纹路和自然色带　　　↑ 天然水晶与人造水晶不同，光泽更亮更自然，给人一种冰感

十三、如何鉴别天然水晶和人工养晶

　　由于人们对水晶的热情日益高涨，水晶的价格，尤其是品质好的水晶价格日益提高，所以市面上出了不少假冒的优质水晶。为了不让消费者上当受骗，这里就来说说天然水晶的鉴别：

　　》看折射光够不够冷。天然水晶与人造水晶不同，光泽更亮更自然，给人一种冰感，戴一段时间颜色会变得更好，假水晶光泽差，不自然。

　　》看气泡。在放大镜下看，天然水晶总有一些杂质，但不会有气泡，而人造水晶一般都会看到气泡，晶体却通常是没什么杂质的。

　　》看过渡色。将水晶放在一个白色的纸张上面，真水晶的色彩不是通体一样的，颜色有深有浅，很自然，有过渡色，而假水晶色调均匀单调，没有自然过渡色。

↑ 紫水晶三多把件，纽约佳士得 2013 年 3 月 21
日拍卖品，成交价 204,250 元人民币

↑ 御制紫晶喜得百子把件，香港邦瀚斯 2013 年
5 月 26 日，成交价 65,625 元人民币

　　水晶是近年来消费者非常喜欢的一个珠宝品种，其内部包体物非常
丰富，是宝石中最丰富的品种之一，从鉴赏或收藏的角度来说，都具有
一定的价值。水晶与稀缺的和田玉、翡翠相比，由于产量大，属于市场
上价格较为常见的宝玉石种类，但是，在拍卖市场上，产量稀少且品质
较好的水晶依然能吸引广大收藏爱好者的眼球，比如发晶，如果发丝密
集排列且成粗条板状，这样的手串必然是拍卖收藏者的宠儿。

第七章
核桃手把件

　　众所周知，核桃是一种坚果，但其实，核桃也是可以拿来把玩的，我们称之为"文玩核桃"，经常盘玩核桃可以刺激穴位，舒经活络。

↑ 皇宫内赏玩核桃颇是风靡，核桃也成为了一种身价和品位的象征

作为把玩的核桃，是在核桃七八成熟的时候摘下来的，然后把两个纹路、尺寸大小都差不多一样的核桃配成对后握在手里把玩。核桃经过长时间的把玩之后，颜色逐渐变深，价值也会适当上涨，成为一件不错的艺术品。

核桃的把玩由来已久，在古代，无论是王公贵族，还是平民百姓，都对核桃喜爱有加，明清时期是玩核桃的鼎盛时期，清末，皇宫内赏玩核桃颇是风靡，核桃也成为了一种身价和品位的象征。

一、把玩核桃益处多：延衰老、防中风

起初，把玩核桃主要是为了强健身体。经科学实践证明，核桃在手中揉搓可以锻炼大脑，延缓肌体衰老。清乾隆皇帝曾有"掌上旋日月，时光欲倒流。周身气血涌，何年是白头？"的诗句来体现核桃延缓衰老的功效。除此之外，把玩核桃的过程中，可刺激手掌中的穴位，起到舒筋活血、预防心血管病、避免中风的作用。正是因为如此，把玩核桃流行至今，成为了现代许多常常坐在办公室从事案头工作的人的手中宝。

核桃表皮厚实、质地坚硬，长时间的把玩后，手掌中的汗和油脂会渗透进去，使得核桃的颜色逐渐变成一种像玛瑙一般的老红色，皮色也会愈加鲜亮通透。

二、文玩核桃三大类：铁核桃、楸子、麻核桃

文玩核桃我们大致可以把它分成三大种类：铁核桃、楸子、麻核桃。

1. 铁核桃，尖小、纹路较浅、个头较大

铁核桃的特点是：尖小、纹路较浅、个头较大。铁核桃的种类也比较多，市面上见到的铁球、元宝、蛤蟆头等都是属于铁核桃，各种各样的铁核桃收集起来十分有趣。

铁核桃的产地分布比较广泛，产量较大，因此市场上的价格不是特别高，一般是在百元以内，价格便宜，不小心摔了也不心疼，特别适合核桃初级玩家。

↑ 铁核桃的底部与吃的核桃相似

2. 楸子，造型多变、纹路较深

楸子的产地也比较广泛，主要分布在河北、山西、东北等地，主要品种有：子弹头、枣核、鸡嘴、鸭嘴等。楸子的产量比较大，所以它的市场价格比较平民，一般在百元上下。楸子的特点：造型多变，纹路相对较深。

↑ 鸡嘴核桃，外形酷似鸡的嘴巴，因此得名

3. 麻核桃里的"四大名核"

我们常说的"四大名核"就是指的麻核桃里面的四大品种：狮子头、官帽、公子帽、鸡心。麻核桃的产地主要分布在北京、天津、河北、山西等地。麻核桃的个头、形状、质地、颜色等方面都比较出色，且产量稀少，因此它的市场价格也偏高，一般的在十几元至千元不等，价格高的甚至达到十几万元。麻核桃属于野生核桃，近年来，由于野生树种的减少，麻核桃的产量就更加低了，品质好的麻核桃更是稀少，因此它的价格涨幅也逐年递增。稀有的品质好的麻核桃，尤其是狮子头品种，成为了核桃热衷者购买收藏的热点。

↑ 公子帽核桃，约 47mm，市场价格 8000 元左右

三、选购需知的五大狮子头品种

狮子头，顾名思义，是指外形长得像狮子头一样的核桃，闷尖、矮桩、大底座，品质好的狮子头，稀少珍贵，收藏价值高。下面就来介绍五种最有名的狮子头：

1. 老款狮子头——最为稀有珍贵的品种之一

说到文玩核桃里历史最为久远的一款，非老款狮子头核桃莫属。它的外型端庄大气、厚边矮桩、纹路深邃且舒展，底部厚、大且平整，肚

↑ 肚子饱满的有一定包浆的老款狮子头

子饱满，经过盘玩后，颜色更加深红且漂亮。品质好的老款狮子头非常稀少且价格高。

2. 四座楼狮子头——价格最贵的品种

四座楼狮子头是以产地命名的，产自北京平谷地区四座楼附近的深沟里，外观端庄大气，矮桩、闷尖、边宽，底部是呈放射状的纹路，如菊花底一般，四座楼狮子头的价格是所有狮子楼品种中价值最高的。

↑ 狮子头核桃，外观端庄大气，矮桩、闷尖、边宽

3. 酷似苹果的苹果园狮子头

苹果园狮子头，外观酷似苹果，因此得名。它的青皮很薄，所以市面上也称其为"薄皮大馅"。原产地在北京门头沟地区，那里是北京核桃

↑苹果园狮子头，边厚肚大

的主要产地。苹果园狮子头的特征：外型端庄、边厚肚大，底部是苹果底，皮质好，盘玩后易红。

4. 满天星狮子头，纹路好似满天繁星

满天星狮子头的原产地在北京的百花山，因此又称作"百花山"狮子头。纹路如夜空中的点点繁星般密集相连，底部凹陷，尖大、边厚，外型规整端庄。

←满天星狮子头，40mm，纹路如夜空中的点点繁星般密集相连

5. 白狮子头，盘玩上色快

白狮子头，皮质发白，因此得名。产于河北涞水，外型特征：整体端庄稳重、肚子饱满，纹路深刻且秀气、底座大且端正。

↑ 白狮子头，44mm，市场价格 8000 元左右

四、公子帽核桃比官帽核桃稀少，价格更高

官帽核桃是古代大臣官员们所热衷的核桃品种，边比较大且薄。官帽核桃和公子帽核桃都属于"四大名核"，在外型上有一定的相似性，但是我们把握以下几点，区分就并不难：

》 **看"耳朵"。** "耳朵"指的是从核桃尖延伸到底部脐的位置形成的弧度。一般来说，公子帽核桃的"耳朵"要远比官帽核桃大得多，弧度也比官帽的大得多，另外，公子帽核桃的底座更像是凹座的。

》 **看边的形状。** 帽类的核桃一般边都比较大且薄，官帽和公子帽的边也有这样的特点，但是在形状的细节上还是不同的。从正面看公子帽核桃的边，较为圆厚，比一般的核桃宽得多，弧度大，有明显的横向发展的感觉；而官帽核桃的边，则比较窄且比较瘦，从尖部到底部，由窄而宽，坡度较大。

　　》看边和高的比例。公子帽核桃边的宽度要大于它的高度，属于典型的矮桩核桃；官帽核桃正好相反，边的宽度要小于它的高度。

↑ 公子帽和官帽核桃对比图，公子帽核桃的尖比官帽小，
耳朵比官帽核桃大得多

　　我们在市面上看到的帽类核桃大多是官帽核桃，公子帽核桃的产地少、产量小，因此颇为稀少珍贵，价格也高。

五、广受老年人喜爱的鸡心核桃

　　鸡心核桃是一个常见的文玩核桃种类，属于"四大名核"之一。因其长得像是鸡的心脏，故而得名。鸡心核桃可分为几个品种，矮桩的鸡心被称为"桃心"；还有鸭嘴鸡心等，鸡心核桃的纹路多成网状，大而疏。鸡心核桃的手感比较舒服，因此，广受老年人的喜欢。

↑ 鸡心核桃纹路浅，个头大

六、挑选核桃，"形状、颜色、个头、质地"，一个都不能少

在挑选文玩核桃时，主要看三个方面：形状、颜色、个头、质地。

》**形状要看两个方面。**一方面是品种，比如，当下比较热门的狮子头和公子帽，在同等大小的情况下，相对于其他的品种价格更贵；另一方面是纹路，纹路分布均匀，配对的两个核桃纹路越是相近越好。

↑ 纹路相近的满天星狮子头

》**看颜色。**不同时期的核桃颜色不一样，新核桃的颜色比较浅，经过盘玩之后的老核桃，会呈现出透明感的紫红色，如果是不正常的红色或是紫黑色则是经过化学药水浸泡过的，对人体有害。

↑ 新老核桃颜色对比，经过盘玩之后的老核桃，会呈现出透明感的紫红色

> **看个头大小**。一般来说，同等品质的前提下，核桃越大越值钱。

> **看质地，核桃的质地越是坚硬细腻越好**。新核桃要拿上手有沉坠感、不粗糙，老核桃则要手感细润且颜色如红玉一般通透温润。

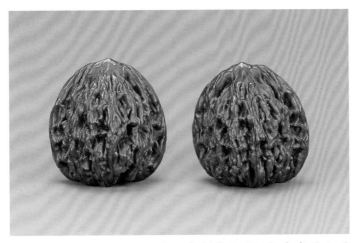

↑ 2014 年北京宝瑞盈国际拍卖有限公司
春季拍品，预估价 5000 元左右

七、"有黄尖、有阴皮、动过刀"的核桃不宜选购

文玩核桃在挑选的时候，如果出现了黄尖、阴皮或者动过刀中的任何一个瑕疵，都会直接影响核桃的价值，建议不要选购这样的核桃。

黄尖是由于在核桃尚未足够成熟的情况下就采摘下来所导致的，一对核桃如果出现了黄尖，无论如何把玩也是无法去除的，这样的核桃价值低。

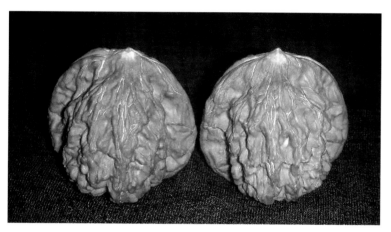

↑ 黄尖核桃

阴皮、黄皮都属于皮色的一种缺陷，阴皮是核桃上出现深于核桃其他部分的表皮，黄皮是核桃表面颜色浅于核桃其他部分的浅黄色表皮。这两种皮色缺陷都无法经过盘玩之后消失，因此对核桃价值有重要的影响。

↑ 阴皮或黄皮图

动过刀的核桃，就是指被人为加工过的核桃。许多商家为了把核桃卖出一个好价格，人为地用刀给长得不是很完美的核桃修尖，这样的核桃价值不高。自然生长的核桃有着自然的纹路，而动过刀的核桃它的"完美"是不够自然的。

八、文玩核桃作假手段大揭秘

文玩核桃市场逐渐火爆，市面上文玩核桃的作假手段层出不穷，这里给大家介绍几种常见的核桃作假手段：

1. 清洗打磨

核桃的手感越光滑越好，于是许多作假者用钢丝球蘸水后擦洗打磨核桃的表面，再用驴毛刷清扫杂质，来让原本皮质粗糙的核桃摸上去比较光滑。真老核桃摸上去手感细润，而打磨后的核桃摸上去还是会有涩感。

2. 双氧水祛斑

将清水与双氧水按照 1:5 的比例调配好之后，把核桃放入其中浸泡大半天，可去除核桃表皮的褐色斑点。

3. 化学药剂上色

我们都知道，老核桃的价值高，于是许多商家为了牟取暴利，用一些勾兑好的化学药水浸泡核桃，使核桃颜色变深。人工上色的核桃不如盘玩出的核桃颜色自然，盘玩出的自然老核桃颜色是如红玉般的温润的紫红色，而上色的核桃颜色不均匀、光泽死板，多成红褐色或是紫黑色。

4. 树脂核桃

树脂核桃指的是用树脂做的假核桃。这种核桃盘玩之后也会变色，对于一般普通消费者来说鉴别有一定的难度，这里介绍一种鉴别方法：树脂核桃手感像塑料一般发涩，颜色艳但是比较死板，另外树脂核桃碰撞的声音不清脆、发闷。

九、核桃尺寸等级越低，价格越便宜

核桃的尺寸一般是以毫米来计量的，核桃价格按照尺寸一般分为三个等级：40 毫米到 42 毫米为一个等级，42 毫米到 44 毫米为另一个等级，45 毫米及以上的等级就更高。尺寸等级越高的核桃价格要比其他的核桃价格贵好几倍。

↑ 48 毫米的官帽核桃，等级高，稀少难得

十、个头越大的核桃，投资收藏价值越高

核桃要想升值，必须具备两点因素：一是尺寸越大越好；二是纹路匹配度越高越好。核桃的尺寸主要看肚的大小，肚大于边的或者和边差不多的比较适合选购，把玩起来有饱涨感。如果想要挑选适合投资收藏的核桃，那就必须得挑选纹路相近的，即使个头大小略有差异，经过长时间地把玩之后，两个核桃也会越来越像，具备升值的潜力。

十一、异形核桃，造型天然奇特，价值高

异形核桃，指的是外型和普通核桃不一样，通常是在生长的环境中造型自然变异而成。有的体现在它的边上，不像普通核桃只有两个边，而是多边的，有三棱、四棱甚至是五棱的；还有的体现在造型方面，造型天然且富有个性，比如，鹰嘴核桃，外型看上去像鹰的嘴巴；佛肚核桃，肚子偏向一侧，一边大一边小；连体核桃，两个核桃长在一块的。天然生成的异形核桃，因其产量稀少、造型巧夺天工而价值比较高。

↑ 连体核桃，市场价格8万元左右

↑ 三棱核桃，38mm，上过包浆

↑ 鹰嘴核桃，外形看上去像鹰的嘴巴

现在市面上有的异形核桃是人为后天加工而成的，这样的核桃价值会大打折扣。由于异形核桃价格不菲，且真假较难分辨，因此不适合初级玩家选购。

↑ 这个是三棱核桃，又称"大奔核桃"，每两条棱之间
　均呈180度的为佳

十二、核桃巧雕，价值翻番

文玩核桃雕刻，能够在毫厘之间集大千世界之妙。一般的核桃通过雕刻师的精心设计与雕刻，可实现价值翻倍。不同品质的核桃在选择雕刻题材的时候也不一样，纹路较细的适合雕刻比较细密的图案，如瓜果类；纹路较粗的核桃适合雕刻线条较为粗犷的图案，如花朵。纹路浅的核桃创作空间大，雕刻的题材也更广泛。

↑ 葫芦万代，葫芦形象逼真，市场价格 1 万元左右

↑ 九龙戏珠题材的核桃雕，龙雕刻得惟妙惟肖，足见雕工之精细

核桃雕除了看雕工之外，自身的品质也是重要的价格影响因素。在选择核桃雕手把件的时候，要选择雕工不是特别细致的，否则在把玩的过程中容易磨损。

十三、简单易行的核桃收藏保养方法

核桃的保养对于核桃玩家与投资收藏者来说是非常重要的，核桃保养得当，不仅可以使核桃的色泽越来越漂亮，同时也影响其价值。下面介绍几种简单易行的保养方法：

1. 清洗核桃，擦干水分

用常温水对核桃进行清理就可以了，不需要使用温水以及一些清洁剂之类的化学物质，温水会使核桃变软甚至导致核桃内部霉烂。可以用棉签蘸清水清洗核桃凹陷的地方，再冲一次水之后直接擦干即可。切忌使用吹风机或烘干机，这样有可能导致核桃开裂。清洗次数一周一次便可，不需要洗得太勤，另外，在清洗的过程中，勿将核桃底部的中心点捅破，否则水进入内胆后容易腐烂。

↑核桃保养时，清洗次数不可太勤

↑ 北方气候干燥，上过油的核桃没有自然盘玩出的核桃那如玉的光泽

2. 上油保养有利有弊

很多玩家都会使用核桃油来保养核桃。对于核桃收藏者来说，不可能将每个核桃都盘玩出自然包浆来保护核桃，尤其是在北方，气候干燥容易造成核桃开裂的情况，于是很多人就选择给核桃上油，上过油的核桃虽然比较明亮，但是没有自然盘玩出来的核桃那如玉般的光泽，因此，如果是选择上油的方法来保养的话，次数不可过于频繁。

3. 保鲜盒存放核桃来保养

这里介绍一种比较好的方法来给核桃上油的同时又使之具有自然的包浆光泽：将核桃与用布裹好的核桃仁一并放入保鲜盒中，温度不宜过冷或过热。

如果在把玩的过程中，核桃尖受到了损伤，继续盘玩即可，长时间盘玩之后可以使伤痕变得柔和几乎看不出来，千万不可动刀将其磨平。

十四、让你不露怯的业内行话

尖：核桃尖，也称"咀"

白尖：核桃未成熟直接摘下的尖是白色的

老核桃：一般指盘玩出来了包浆并有多年历史的核桃叫老核桃

做：人为的加工，如上色，修尖，补裂等

筋儿：指的是核桃的棱翼

偏：指的是核桃长歪了的意思

底座：核桃的底部叫底座

眼：核桃的底座的中心点，也叫"脐"

漏脐儿：指核桃底部脐儿里面是空的

黄皮：核桃表面的一些忽然变浅的黄色，盘玩之后不会消失

阴皮：核桃表面的一些忽然变深的黄色，盘玩之后不会消失

磨过底：为了使核桃立起而磨平核桃底部

缩了或抽了：指的是新核桃摘下来一段时间后水分会收缩，尺寸会变小的情况

几个几：如四个五，指 4.5 厘米，是核桃两边棱的最宽长度，是衡量核桃大小通用的指标

窝底：指的是核桃底部是以脐儿为中心凹进去的底座

大边：也称"厚边"，指核桃棱翼的宽度和厚度，越宽、越大、越好

纹理：指核桃表面纹的粗细，越深越好

手头：指核桃的重量，在手中感觉越沉越好，但是新核桃因水分很大故显沉

抓：行话常说"抓一对核桃"指买核桃的意思

打手：指核桃的分量重，揉搓起来有撞手的感觉

配：两只核桃组合成一对

咯手：指核桃拿在手里的感觉不舒服

品相：一对核桃的品质与外形的总称

↑ 异形核桃珍贵稀少，收藏价值高

第八章
玛瑙手把件

玛瑙相比翡翠、和田玉那样的高端把玩件，颜色更为丰富多彩且造型多变，价格也亲民许多。

据说，由于玛瑙的原石外形和马脑相似，因此称它为"玛瑙"。玛瑙的颜色多样，有红玛瑙、蓝玛瑙、紫玛瑙、绿玛瑙等，不同的玛瑙成色不一。

一、阿拉善玛瑙的特点：颜色丰富，形状各异

阿拉善玛瑙属于戈壁玛瑙的一种，戈壁玛瑙在戈壁滩上不断地被风沙搬运磨砺，大自然基本上已经把它们磨圆成了小玛瑙珠的形状。由于阿拉善玛瑙色彩丰富、质地较通透，因此受到越来越多的消费者喜爱。挑选阿拉善玛瑙的时候尽量挑选颜色丰富且艳丽的，这样有利于雕刻师创作出层次感强的手把件作品。

↑阿拉善玛瑙色彩丰富，质地较通透

二、玛瑙眼石，稀少奇特，价格比普通玛瑙高

有一种玛瑙人们习惯性地把它称为"眼石"，因为这种玛瑙外皮上会有一圈一圈的圆形斑纹，乍看之下十分像眼睛，因此被称为"眼石"。由于眼石外观较奇特、产量较少，因此相比于其他普通玛瑙来说，价格更高。

↑ 玛瑙眼石，因看上去像眼睛一样而得名

↑ 蜻蜓眼玛瑙眼石，看上去像蜻蜓的眼睛一样

← 单眼玛瑙眼石，只有一个似眼睛的圆状图案

三、稀有的水胆玛瑙，投资收藏价值高

　　水胆玛瑙指的是玛瑙内部包裹天然液体的品种，因其形态似动物的胆囊，因此得名。水胆玛瑙的内部空洞里面大都含有水或者水溶液，摇晃的时候能听见水声。这种玛瑙非常稀有，再加上精雕细琢，变得更加珍贵。雕刻师在对水胆玛瑙进行雕刻的时候，不仅要充分体现内部的水，还要小心不能将水胆雕破，否则就会前功尽弃。

↑ 纯色半透明状的玛瑙手把件，形状是天然成形的，温润不失个性

↑ 颜色俏丽的玛瑙把件，正面雕刻着童子和钱币，背面雕刻
着一只蝙蝠，取"福在眼前"之意

四、俏色玛瑙价值高

有句俗话叫"玛瑙无红一世熊",就是说在玛瑙所有的颜色中,以红色为贵。另外,行业里还有一句话叫"玛瑙不带俏,纯属瞎胡闹","俏"指的就是俏色的意思,由此可见,玛瑙的俏色是评价其价值的一个重要标准。虽然随着收藏的多样化,很多纯色玛瑙也比较受欢迎,但是带俏色的阿拉善玛瑙必然是今后的发展趋势。

五、鉴别真假玛瑙:看透明度、掂重量、试温度、看硬度

有些玛瑙是自然色,有些是人为加工染色的。自然色主要有红色、琥珀色和白色,其中,红色为最好。人为染色的玛瑙经过几年后会出现褪色的情况。在选购玛瑙手把件的时候,主要可以从四个方面鉴别真假玛瑙:

1. 看透明度

真玛瑙比较混沌,在强光下看,真玛瑙有自然水线,而合成的玛瑙透明度高,像玻璃球一样透明,无自然水线。

2. 掂重量

在重量方面,真玛瑙手把件比人工合成的玛瑙手把件重。

3. 试温度

天然玛瑙手把件有冬暖夏凉的特征,在硬木板上摩擦,玛瑙不热而木板热;而合成玛瑙随外界温度的变化而变化,天热则热,天凉则凉。

4. 看硬度

天然玛瑙手把件表面有蜡般的光泽，呈半透明状，质地比较细腻坚硬，用小刀刻不动；而假玛瑙硬度低，无蜡般的光泽，用小刀划容易出现划痕。

六、目前市场最火的南红玛瑙，挑选有方法

南红指的是一种红颜色的玛瑙，最早产自南方的云南保山，因此人们就把它叫作南红。中国人一向钟爱红色，它带给人一种喜庆的感觉，象征着幸福和吉祥。近几年，红彤彤的南红玛瑙在国内掀起了一阵阵热潮，市场价格一路攀升，如今一块名家雕刻的上好南红更是价格不菲。

南红玛瑙以其颜色艳丽、质地细腻而深受人们喜爱。在我国，南红的历史悠久，古时，南红既可以制成玉器装饰，又可以入药。近年来，

↑ 复古龙雕杯手把件，表皮是柿子红混玫瑰红，祥龙，象征吉祥美好、风调雨顺。雕工属于入门级，形不够平整，但是对于初玩的藏友，可以买来先把玩，市场参考价2000元

由于南红玛瑙价格飞涨，市场上出现了许多仿制南红饰品，因此，对于消费者来说，学会鉴别南红非常重要，下面介绍一些南红的鉴别方法：

1. 看形状

南红玛瑙的形状不一，市面上常见的主要形状有圆形、片形、橄榄形、多面珠等形状，市面上作假的南红珠子多为橄榄形和圆形。

2. 看颜色

南红玛瑙颜色丰富，常见的南红颜色有大红、柿子红、紫红等，天然红玛瑙色泽鲜艳明亮，条带明显，仔细观察可见红色条带处的密集排列的细小红斑点，而染色玛瑙颜色过于艳丽均匀，给人一种不自然的感觉。

3. 看质感

天然南红质地较为通透，给人一种朦胧感，这种质感是无法作假的。

4. 看风化纹

风化纹是南红的特征之一，老南红因为年岁久的关系会出现半月状的风化纹，仿制南红风化纹由于是人工制成的往往显得不真实，真正的风化纹与其周围的包浆和光泽都会有明显的不同。

5. 看南红的孔

天然老南红的孔内经过长期磨损会变得光滑，新红或是染色的南红孔内壁有螺旋纹和白色粉末。

七、挑选玛瑙手把件三要点：颜色、题材、手感

　　由于玛瑙的色彩丰富，因此，在选择玛瑙手把件的时候，首先可根据自己的喜好来选颜色，从价值角度上来说，红色玛瑙最贵重；其次要看手感，手把件的尺寸大小要便于自己在手中盘玩，从形状上来说，长条状手把件手感最为舒适；最后要看雕工和题材，题材的选择主要看个人喜好，另外，雕工方面要精致且不可太过于繁杂，繁杂细碎的手把件部位容易在把玩的时候磕碰。

↓ 复古龙纹杯南红玛瑙手把件，线条比较流畅，雕工相对细腻，而且外表润泽，表皮为柿子红，内里都有百料或红白缠丝，南红玛瑙中，红白料其实会直接降低雕件的价值，市场价格 2000 元左右

八、保养好的玛瑙手把件，越玩价格才会越高

众所周知，玛瑙手把件经过一段时间盘玩之后，光泽质地会慢慢发生改变，因此，想要把玛瑙把件盘出更好的外观，正确的玛瑙手把件保养方法必不可少：

（1）尽量避免与硬物发生碰撞或是掉落，不盘玩时可收藏在质地柔软的锦袋中或盒子里。

（2）为了防止玛瑙把件受到侵蚀，应该尽量避免它与化学药剂、香水、肥皂或是人体汗水接触，这些会影响玛瑙的鲜艳度。

（3）远离高温热源，由于玛瑙遇热后会膨胀，分子间隙增大而影响玉质，严重的会导致玛瑙发生爆裂，因此要避免玛瑙手把件持续接触高温，比如，在炽热灯光下烘烤、吹风机吹、烈日下暴晒等。

（4）给玛瑙把件补水。玛瑙忌高温干燥，天然水分的蒸发会影响其经济价值和观赏收藏价值，因此，尤其是在夏天，可在玛瑙搁置的地方放上一杯水以保持其湿润度。

↑ 柿子红混玫瑰红 英勇神武手把件，雕工精湛，市场参考价 2000 元

↑ 玛瑙巧雕合欢把件，北京匡时拍卖行 2013 年 12 月 5 日
　拍卖品，成交价 109,250 元人民币

↑ 玛瑙巧雕童子把件（两件），北京保利拍卖行 2013 年
　12 月 4 日拍卖品，成交价 690,000 元人民币

　　近年来，玛瑙可谓是吸引了绝大多数收藏爱好者的目光，市场行情
势如破竹，成为了当下最热门的一个收藏品种。南红玛瑙更是由于产量
极低，在清代乾隆时一度绝矿，因此，市场流通中的上品非常稀少，雕
工好的南红玛瑙更是在拍卖市场上价格一路走高，投资收藏前景良好。

第九章
寿山石手把件

有一种石头，它晶莹剔透、温润通灵，集美丽与优雅于一身，堪称自然界的杰作，它就是寿山石。

↑ 寿山石是我国传统的"四大印章石"之一，被誉为"中华瑰宝"

在古代，帝王贵族、文人雅士都喜爱寿山石高贵典雅的气质。寿山石光滑润洁，手感极好，除此之外，寿山石还有一大特色就是色彩斑斓，几乎拥有自然界所有的自然色彩。

寿山石是我国传统的"四大印章石"之一，被誉为"中华瑰宝"。寿山石产生于数亿年前的地壳运动，历史十分悠久。早期，人类就已经对寿山石进行了开采，但是开采得比较少，在当时尤为珍贵。在古代，寿山石就已经非常有名了，皇帝们对其极为推崇，乾隆皇帝用它作为祭天之物，田黄石更是在当时被推到了国石的位置，而田黄石就是寿山石里的一种。随着时间的推移，当代人们对寿山石的热爱也丝毫未减，在我国，寿山石主要分布在福州市北郊与连江、罗源交界处的"金三角"地带。

一、寿山石的特点：质地较软、细腻温润、色彩丰富

寿山石矿床分布于福建省福州市北郊寿山村周围群峦、溪野之间，西自旗山，东至连江县隔界，北起墩洋，南达月洋，方圆十几公里。寿山石是这样形成的：火山喷发后，形成火山岩，伴有大量的酸性气体和液体分解了岩石里的一些物质之后重新沉淀结晶成矿。寿山石矿石的矿物成分以叶腊石为主，其次为石英，水铝石和高岭石以及少量的黄铁矿。

寿山石的主要特征：温润、细腻、晶莹、通透，质地较软，色彩丰富。

↑ 这个高枕无忧寿山石手把件，品质好，质地温润细腻，颜色饱满，是十分难得的佳品

二、选购寿山石必知的三大坑：田坑石、水坑石、山坑石

寿山石的品种、石名非常复杂，有一百多个品种。按照寿山石的产出大致可以把它分为田坑石、水坑石、山坑石三大类。其中，田坑石是三个品种中最好的坑头石，其次是水坑石，最后是山坑石。

1. 最好的坑种——田坑石

田坑石简称"田石"，是原生矿在经过风化侵蚀后，经水流搬运沉淀下来的，造型各异，无明显棱角。田坑石一般沉积在比较深的田地中，开采难度大，产量少，因此较为稀有珍贵。

田坑石的特征：有萝卜纹、色泽外浓内淡、质地温润。

田石的品种主要按照颜色命名，一般可分为：黄田、红田、黑田、花田、白田等。黄色的田石都被称为"田黄石"，田黄石是田坑石里最好的品种，在清代乾隆时期被视为"国石"，由于皇帝对其喜爱有加，又有"帝王石"的美称。田黄石的质地极其温润，表皮呈透明黄色，尤以黄金般的黄色和橘子皮般的黄色为佳，肌里晶莹通透且有着清晰细密的萝卜纹，颜色外深内浅，它的原石通常裹着黄色或者灰黑色的石皮。田黄石中的田黄冻石极为通灵剔透，产量十分稀少，因此价值也贵。

白色的田石称之为白田石，质地如羊脂一般细腻温润，微透明，纹路、红筋越往里走越明显，颜色却是越往里越淡；田石中色红者称为红田石，自然生成的红田石称为橘皮红，是稀有品种。黑田石则分为黑皮田、

Tips

> **萝卜纹**：在强烈的光线下观察，肌理往往隐约可见到一条条细而密的纹理，其形状犹如刚刚出土的白萝卜纤维。
>
> **红筋**：红筋是指田黄石表层偶尔出现的红色筋络，红如血，细如丝，俗称"红筋"又叫"血丝"。

↑ 金田黄，长眉罗汉的题材，寓意是镇宅避邪，白色部分巧雕成了白色眉毛

纯黑田两种，黑皮田指的是大面积黑色仅有少许黄色肌里的黑田石，而纯黑田指的是通体如墨水，带黄皮的黑田石。

2. 水坑石——价值仅次于田坑石

　　水坑石，产于寿山溪源头的坑头占山麓的矿洞，有著名的坑头洞、水晶洞等，矿洞由于常年积水，使得其产出的矿石大多呈现出透明、凝冻、细腻的光泽。水坑石汇集了寿山石中的绝大多数冻石种类，比如，市面上比较有名的黄冻、水晶冻、鱼脑冻、牛角冻、天蓝冻等。水坑石虽然质地不如田坑石那般细腻通透，但是产量也较少，所以品质出众的更是罕见。

↑ 白皮田黄，白色部分巧雕成了蝙蝠，寓意是福在眼前

↑ 水坑石的白兔题材手把件，质地不如田坑石那般细腻通透

3. 山坑石——质地不如田坑、水坑好

山坑石，顾名思义，指的是在山洞中开采出来的寿山石，往往埋藏在岩层的夹缝中。一块山坑石上通常包含了红、黄、绿等多种颜色，色彩丰富。山坑石的品种多样，有芙蓉石、高山石、旗降石、月洋石、峨眉石、老岭石等。山坑石因其矿脉、产地的不同，质地也相差较大。芙蓉石的质地比较好，是中国"印石三宝"（田黄、芙蓉、鸡血）之一，质地凝润、细腻；旗降石质地结实，温润，有光泽且色彩丰富，多以两色或多色相间。

→ 旗降石手把件，旗降石的颜色特点主要为红黄白，这个手把件的题材为老有所乐

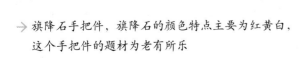

三、选购寿山石必备法宝——强光手电筒

寿山石质地细腻，温润柔软，经过雕琢加工之后，外表光滑亮泽、色彩斑斓，做成手把件之后，既可以把玩，又是一件珍贵的艺术品，可供收藏。下面就来介绍一些关于寿山石挑选的知识。

1. 一定要带上手电筒去选购

寿山石虽然说外观和手感都深受人们的喜爱，但是有些寿山石里的裂纹会比较多，用肉眼很难看出来，所以在选购寿山石手把件的时候一定要带上强光手电筒，在强光的照射下，这些裂纹就暴露无遗，裂纹越多的寿山石价格越低。

2. 不宜选购的寿山石手把件品种——汶洋石

出产于福建寿山村北面汶洋村的汶洋石，质地细腻、微透明，有红、白、黄、黑等颜色，它是寿山石家族中不可或缺的一员。相对于寿山石里的其他品种来说，它是一个新品种，存在着许多不足，其中最大的缺点就在于它是寿山石中极易开裂的品种，尤其在北方干燥的天气下，为了避免开裂平时要时常抹油，保养起来十分麻烦。因此，不建议选购汶洋石作为手把件把玩。

3. 颜色越是鲜艳丰富、光泽度越强的寿山石越好

寿山石丰富的色彩是其一大特征，在选购寿山石的时候，尽量选择颜色鲜亮、有光泽的为佳。颜色越是丰富鲜艳，越能给雕刻师灵感来进行手把件的设计和雕刻。

↑ 颜色鲜亮，光泽感强的田黄寿山石把件，童子怀抱财宝，寓意是"法宝在心中，万事好成功"

4. 芙蓉石需要有如玉般的质感

芙蓉石又称白芙蓉、白寿山。与其他坑石相比，芙蓉石有如玉一般的质感，温润细腻，握在手中特别舒服。而且芙蓉石手把件经过一段时间的盘玩之后，容易上"包浆"（"包浆"指的是通过摩擦把玩后产生的特殊光亮），看上去越来越有光泽。

↑ 年年有余题材的芙蓉寿山石手把件，雕工精细，鱼的姿态活灵活现

5. 罕见品种值得投资——花坑石

花坑石，又被称为"狮头石"。花坑石的石色十分丰富，红、黄、白、灰等各种颜色常常混杂在一起，有条痕和层纹、质地比较粗糙且坚硬。花坑石里颜色鲜亮、质地通透的称为"花坑冻"，比较罕见，有投资收藏的发展空间。

6. 坑头冻要选择质地细腻，晶莹洁净的为佳

坑头石，产自水坑石中的坑头洞，坑头石较为坚硬，一般称半透明状，有黄、红、灰、白、蓝等颜色，二色或多色相间的较为常见。坑头石中质纯通灵者，称为"坑头冻"，由于其产量较低，因此价格较高。在挑选坑头冻石的时候，蓝色最好，质地一定要选择凝润、通灵而洁净的为佳。

四、易与寿山石混淆的品种，辨别有妙招

寿山石在外观上易与叶蜡石、滑石、青田石等相混淆。如何鉴别：

（1）叶蜡石有比较明显的蜡状光泽，且结晶颗粒较粗，呈片状，定向排列，而寿山石呈一般的蜡状光泽且质地细腻，胶冻感较强。

（2）滑石结晶颗粒较粗，而寿山石结晶颗粒细小，为微粒结构。滑石的硬度低，易被指甲划伤，寿山石硬度稍高，不易被指甲划伤。

（3）青田石颜色比较单调，以黄绿紫相间居多，而寿山石的颜色丰富；青田石无石皮，而寿山石中的某些品种带有石皮；青田石石质略疏松含颗粒散砂，而寿山石质地细密温润。

五、真假田黄价格相差大，巧识别，不花冤枉钱

众所周知，市场上田黄石的价格动辄就要几十万元，高昂的价格使其成为了造假者的青睐对象。田黄是次生矿（次生矿物指在岩石或矿石形成之后，内含矿物经化学变化而改造成的新生的矿物，其化学组成和构造都被改变，不同于原生矿物），这使得它的作假也相对简单，因此，鉴别田黄石的真假，需要从次生矿的特征入手：

》**看形状。**田黄是火山喷发后，从山上滚下来之后经流水冲刷后沉淀下来的石头，因此，没有什么棱角。

》**看皮层的颜色。**田黄石由于长时间埋在泥土中，泥土经过有机肥的作用具有酸性成分，石头经过酸化，一些容易溶解的颜色会浮在石头表面，这些颜色在泥土中不易流失，会重新附着在石头上面，慢慢渗入到内部，因此，真的田黄表皮的颜色看上去应该像是抽出来的颜色重新染上的效果。大自然给石头再次染色不可能染得特别均匀，内外浓淡不一样，所以，如果表皮和内里的颜色是一样的石头就绝对不是"田黄"。

↑ 这个是神兽题材的寿山石手把件，颜色自然漂亮，浓淡有致

>> **看裂痕。**田黄在从山上滚落到被水流冲刷的过程中，一般都会产生裂痕，因此，如果表面光滑到没有裂痕的石头多半为假田黄。

六、寿山石把件好与坏，关键看雕工

寿山石手把件好坏关键要看三点：

1. 看这个手把件是否是"因材施艺"

种植讲究"因地制宜"，玉石的雕刻也讲究"因材施艺"。欣赏一个寿山石手把件，要看是否利用好了石料的天然色泽，雕刻出了造型和色泽与之相匹配的作品。在鉴赏和选购寿山石手把件的时候，要看其雕刻的题材是否和石头的质地、颜色、形状、纹理等相协调。

2. 看雕工是否过于精细

对于手把件来说，尤其是对寿山石这个质地不是十分坚硬的品种来

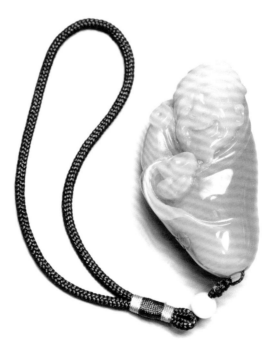

↑ 这个是财神题材的手把件，雕工细致，无细碎的边角，把玩起来不易造成损坏

说，雕工过于精致的不适合用来把玩，容易在把玩的过程中，造成损伤。

3. 看雕工技艺是否合理

寿山石雕历史悠久，从一开始简练的技法发展到现在高浮雕、圆雕等精细的技艺，在欣赏一件寿山石雕时，需要看它是否合理综合运用了

↑ 高山朱砂寿山石手把件，莲花雕得栩栩如生，象征着和睦谦虚之意

↑ "马上封侯"寿山石手把件，雕工细致精美，马和猴的表情都雕刻得非常逼真

这些技艺来呈现最好的效果。

七、带岩石的寿山石，可变废为宝

市面上，有一种寿山石和岩石连在一块，简称"带岩寿山石"。近年来，由于寿山石价格上涨较快，如果把带岩寿山石中的岩石切割掉的话，寿山石的一部分也会连同被切掉，因此，技艺好的雕刻师往往通过精心设计，把岩石巧雕在雕件中，形成岩石和寿山石的对比，这样比单一的寿山石雕件意境效果更好。

八、寿山石手把件保养需小心

手把件除了要会选、会玩，还需要会保养。保养得当的手把件经过长时间地把玩可以变得更加美观，下面就来讲讲寿山石手把件的保养：

（1）寿山石的质地细腻柔软，不像翡翠一般坚硬，经过精心的雕刻打磨之后，颜色更为鲜艳明亮，但是寿山石最大的缺陷就在于容易开裂，忌干燥高温，因此，寿山石一定要存放在温度不冷不热的地方，夏天的时候，要避免阳光暴晒，经常用冷水擦拭保持其水润度，在雕刻的时候要避免高温。

（2）寿山石不可和金属等硬物发生刮擦，避免对其光滑的表皮造成损害，尽量用柔软的布料擦拭其表面的灰尘。

（3）可适度抹油来保持寿山石的滋润度，但不可太频繁。北方的天气极其干燥，尤其是在冬天，这个时候就需要给寿山石抹油，橄榄油、白茶

Tips

寿山石的保养油不可选用花生油、沙拉油，芝麻油等动物性油脂与化学合成油脂，会使石色泛黄，所以不宜采用。

寿山石雕刻注意事项：与翡翠白玉不同，寿山石的质地较软、易沁油，沁油后看不出来，在雕刻过程中稍不留神就会崩掉，使得雕刻前功尽弃，所以，为了保险起见，在雕刻前最好把有裂的部分全部切掉。

油等皆可，但要注意的是，有少数质地较为疏松的寿山石品种容易沁油，比如芙蓉石，经常用手盘玩的话，会使油渗透进石头肌里，使石头变得暗淡无光，因此，这样质地疏松的寿山石不适合抹油。另外，芙蓉石最好是洗干净手后带上白手套盘玩，否则手上的灰尘容易沁入石头里面。

（4）田坑石石性稳定，无须过多抹油，时常把玩即可，水坑石也不必油养；山坑石中的高山石，质地较松，容易出现裂纹，适宜经常上油保养，保持其光泽度；旗降石与都成坑石因质地坚实、性质比较稳定，不必油养，上蜡保护即可。寿山石中较为普通的石料，如柳坪石，焓红石，峨眉石等，石质不透明，不用上油，如沾灰尘，不宜水洗，用软布擦抹便可。

↑ 寿山石的质地细腻柔软，不像翡翠一般坚硬，
经过精心的雕刻打磨之后，颜色更为鲜艳明亮

↑ 寿山荔枝石、高山石章摆件（五件），中国嘉德拍卖行2013年5月
11日拍卖品，成交价46,000元人民币

　　作为寿山石中最为尊贵的石种，田黄石一向受到市场的追捧，近几年其价格更是以克计算。现今，顶级的田黄石雕刻作品多集中于各大拍卖会，拍卖市场中的田黄石依然延续了2013年的市场热度，表现出相对稳定的市场行情。但凡国内举办的寿山石相关拍卖场次中，往往都有田黄石压场，其中精品频现，赚足了收藏爱好者的目光。收藏田黄精品成为大部分收藏家的目标，其增值前景也吸引了众多投资者的目光。

第十章
手串类手把件

有一种手串，不能牢牢地佩戴在手腕上，因此，常将它拿在手中盘玩，我们把他们统称为"手串类手把件"。

一般的手串能牢牢地戴在手腕上，而作为手把件的手串，戴在手上会滑落下来，因此只能在手中盘玩。

一、木质类手串把件

木质类手串把件，顾名思义，指的是木头材料制成的手串手把件。它与现代人追求自然的愿望相契合，这样的手串不像玉石一般夺目，但却有着独特的韵味。市场上常见的木质手把件多为以下几种：

1. 市场热门的红木类手串——紫檀、黄花梨

红木类的木材主要有紫檀、黄花梨、黑酸枝、红酸枝、乌木等。

（1）价格亲民的紫檀

紫檀是世界上名贵木材之一，其中印度的小叶紫檀又称作"鸡血紫檀"，是紫檀木中最珍贵的品种。印度紫檀俗称"小叶檀"，下面我们说的一般都是指小叶檀。金星多的称为"金星紫檀"，金星少的称为"牛毛纹紫檀"。紫檀的颜色主要呈紫红色或是红褐色。

》 **小叶紫檀特性：质地坚硬、呈红棕色、沉水**

❶ 真正的小叶紫檀质地非常坚硬、颜色呈红棕色，沉水。用棉球蘸着酒精在上面轻擦，若呈现出紫红色，那么基本上可以判断是紫檀。

❷ 新小叶紫檀，指的是没有经过盘玩的紫檀，颜色是红色的，表面有一圈一圈的木纹，而经过一段时间盘玩后，它的颜色会逐渐加深。

》 **学会识别染色紫檀，选购不吃亏**

市面上有许多紫檀是经过人为染色的，染过色的紫檀可以通过以下方法来鉴别：

❶ 用高纯度酒精浸泡，看是否掉色

大部分染料都会溶解于酒精，由此我们可以用少量纯度为 75% 的酒精，对檀木手串进行了实验。染过色的小叶紫檀手串经过一两分钟的酒

↑ 小叶紫檀 108 颗手串，呈红褐色

精浸泡后就会开始掉色，酒精溶液的颜色从无色逐渐变成有色，紫檀木的颜色也会变浅，最后恢复到木头的本色。而这些紫檀木浸入酒精不到一分钟整杯溶液就会变成了暗红色，连换多杯酒精溶液，液体的红色才会开始逐渐变浅。

❷ 白纸，蘸水擦拭

用白纸巾蘸水擦拭紫檀，若纸巾上留有很清晰的染料颜色，则说明该檀木制品为染色紫檀。

❸ 闻味道，刺鼻则不是天然紫檀

用鼻子闻一下紫檀的味道，如果散发出刺鼻的香味，则很有可能是香精浸泡出来的。

❯ 什么样的紫檀手串好？

紫檀手串的花纹越是清晰，颜色越是鲜亮的价格越高。少数有树瘤的紫檀木花纹瑰丽无比。

手串不能有开裂、破损和修补，否则，价值比较低。一串紫檀把件上的串珠是否为同一根木料所出的，如果是且颜色统一的话非常难得珍

↑ 这串紫檀手串，品相较好，颜色鲜亮，每颗珠子的大小均匀

↑ 金星紫檀手串，表面有金黄色的小颗粒

贵，有投资收藏的潜质；市面上很多手串都是用边角料做的，这样收藏价值就会大打折扣。

串珠上的花纹方向一致为好，不要有横有竖。手串单颗珠子的大小是否均匀，越是均匀、珠子的直径越大，手串也就愈加具有收藏价值。

》容易与小叶紫檀混淆的"小叶红豆"

小叶红豆与小叶紫檀相比，它的新切面是粉红色的，它氧化后的颜色是浅红，而小叶紫檀新切面为橘黄的，氧化后为深紫色的。

》金星紫檀价格高，选购一看密度，二看金星大小

金属质感的金黄色小颗粒镶嵌在紫黑的紫檀表面，犹如黑夜中璀璨的星空，便被人们形象地称为"金星紫檀"。

消费者热衷于选购"金星"，针对几种常见的选购问题，这里为消费者总结几条选购秘诀：

秘诀一：木质密度越大越好

木质密度越大越好，只有密度大的金星紫檀才能越盘越漂亮，否则金星物质会脱落甚至消失。

秘诀二："大星"不如"小星"好

细小密集的金星称为"小星"，大而舒散的金星称为"大星"。由于大星比小星容易脱落，因此"大星"不如"小星"好。

为尽可能地避免金星紫檀手串把件中的脱落，新购入的金星紫檀勿急于盘玩，自然氧化一至三个月可使表面金星更为牢固。在后期的盘玩中，避免使用粗糙的布擦拭，要使用柔软平滑的棉布为最佳，另外，尽量避免和油、汗接触，以保持珠子的清洁与光泽，会使金星显得更加明亮、耀眼。

》紫檀的保养

红木忌湿忌燥，因此不宜暴晒和吹风，要注意防止磕碰，以及不要和酒精等化学溶液接触。

（2）贵如金的黄花梨

黄花梨是一种呈黄褐色的木材，木质坚硬，木材纹理十分细腻、或隐或现，在有木结的地方，有如铜钱大小的圆晕形花纹，极为美观。花梨木的特点是不沾色，沾色后容易擦掉。

》海南黄花梨比越南黄花梨价值高

按照产地黄花梨可以划分为海南黄花梨和越南黄花梨。海南黄花梨又称为"降压木"，黄檀产自海南，由于数量稀少，国家早已禁止采伐，而目前市场上被商家称为"黄花梨"的基本上是一种产自越南的香枝木，与海南黄花梨相比，越南黄花梨的价格低达十倍。

》区别海黄和越黄，选购不盲目、不上当

❶ 从纹理粗细上看，相对而言，海南黄花梨纹理比越南黄花梨更细一些。

❷ 从味道上来说，海南黄花梨味道大一些，而越南黄花梨香味略小。

❸ 从纹理美观上来说，海南黄花梨纹理图案更漂亮，鬼脸多，而越南黄花梨相对差一些。（"鬼脸"是由生长过程中的结疤所致，它的结疤

↑ 这串黄花梨手串，木质坚硬，纹路清晰，有如铜钱大小的圆晕形花纹

跟普通树的不同，没规则，所以人们才叫它"鬼脸"）

❹ 从颜色上看，海南黄花梨颜色深，越南黄花梨颜色浅。

❺ 从材料上看，越南黄花梨直径粗大，而海南黄花梨直径普遍较小。现在见到的越南黄花梨心材直径在 20 ~ 40 厘米，而海南黄花梨直径最大的也不过 30 厘米。

↑ 黄花梨手把件，大约盘玩 3 个月后颜色会逐渐变深

》 黄花梨选购必知——看懂之后再出手

黄花梨分为两种：海南黄花梨和越南黄花梨。一般来讲，海南黄花梨相对越南黄花梨来讲更具有收藏价值。海南黄花梨手串在盘玩的过程中会散发淡淡的香味，让人心旷神怡，因此不仅适合收藏，更适合中老年人佩戴和盘玩。在选购黄花梨的时候除了依据自己的兴趣爱好之外，还要考虑质地、纹理等因素，下面就来介绍一下选购要点：

❶ 看产地，海南黄花梨相对越南黄花梨来讲更贵也更具有收藏价值。

❷ 看花纹，尽量挑选每颗珠子上都布满不规则鬼脸的，黑筋要清晰。如果纹路能形成一些特别的造型，价格将成几何倍数增长。

❸ 看珠子的品相，珠子越正圆越好，看看是否正圆，不能有开裂、划伤和修补。

❹ 看手串整体工艺，好的工艺体现在每颗珠子的颜色和花纹尽量一致，花纹的走向有规则。

》蜂蜡是黄花梨保养的好帮手

蜂蜡是有效防止黄花梨手串开裂的好帮手，木质手串都忌湿忌燥，给手串擦上一些蜂蜡，可以保持手串的滋润度。另外，要尽量避免与化学品接触，如果手串被其他物品污浊，用柔软的棉布蘸少量清水轻擦即可。

2. 金丝楠木

楠木有三种：香楠、金丝楠和水楠。金丝楠的纹理丰富多变，并且价值与纹理是成正比的，纹理越漂亮稀少，其价值就越高。普通纹路有金丝纹、布格纹和山峰纹；较好级别的纹理有水波纹、新料黑虎皮纹及形成画意的峰纹等；精品纹理有老料黑虎皮、金虎皮纹、金线纹，金锭

↑ 金丝楠木手串把件，金丝楠的纹理丰富多变，并且价值与纹理是成正比的，纹理越漂亮稀少，其价值就越高

纹、云彩纹、水泡纹等；极品纹理则是极品波浪纹、凤尾纹、密水滴、金菊纹、龙胆纹、龙鳞纹、玫瑰纹和形成美景、鸟兽图案等纹理。

〉用金丝楠木储存食物来辨别真伪

鉴别真假金丝楠木可以通过多种手段：

首先，看手感，真正的金丝楠木摸上去细腻舒滑，如婴儿肌肤一般。冬天不凉，夏天不热。

其次，金丝楠木具有不腐不蛀的特性，因此可以通过一个最简单的方法来鉴别真假金丝楠木，就是将食物存放在金丝楠木中，高温下如果食物不腐臭则是真的金丝楠木。如果是金丝楠木手串，长时间不把玩也绝对不会被虫蛀。

最后，真正的金丝楠木质地坚硬、不易变形，测光看能够看到缕缕金丝，看不到的为假金丝楠木。

金丝楠木的保养比其他硬木都要省事，它夏天会分泌出一种油性物质来自然保持光亮，所以不用刷任何油漆。

3. 沉香手串

沉香是由于沉香树本身受外力受创后分泌出来的物质与一种真菌混合而形成的，属于偶得之物。我国用香的历史有千百年之久，"沉香"作为众香之首，素有"香中之王"的雅号，一直被人们所喜爱和追捧，有很高的收藏价值，极品沉香的价格高达每克一万元。

〉沉香木与沉香的区别

作为沉香收藏的初级爱好者来说，沉香和沉香木一定要区分清楚，二者价格相差比较大。沉香指的是含有沉香油的沉香木；沉香木指的是没有结出沉香油的沉香树，又叫白木香。

顶级沉香质地较软，容易损坏变形，因此，不适合用来做成手串把件。

〉沉香是假货最多的品种，教您如何来鉴别

沉香由于资源非常稀缺，因此价格昂贵。市面上，有许多为了谋取

↑ 沉香手串，油线越多价值越高

高额利润的商家把假沉香当作真沉香卖，对于广大沉香爱好者来说，学会鉴别真假沉香是一门必修课：

❶ 真沉香的表面毛孔细腻，因此毛孔粗大的则为假沉香。

❷ 真沉香虽然看上去有层油，但是摸起来并不油腻，不会脏手；假货会在手上留下脏污痕迹。

❸ 其次靠鼻子闻味道：真沉香的味道是有种像线丝状的物体钻进鼻子里的感觉，味道是一阵一阵的，而假沉香味道刺鼻且不是间歇性的；另外，还可以把沉香手串放在密封的袋子里，真沉香的气味能够透出来。

》沉香应该如何保养

随着沉香市场的不断升温，在购得一串好的沉香手串的同时还需要懂得如何保养：

❶ 用柔软的棉布盘搓一个星期给沉香手串抛光。

❷ 刚买来的沉香手串需自然放置一个星期，让珠子自然干燥，同时

↑ 真沉香虽然看上去有层油，但是摸起来并不油腻，不会脏手；假货会在手上留下脏污痕迹

手把件鉴赏购买指南

手串表面和空气接触形成细密均匀的保护层。

❸ 要先洗干净手并干透后再开始手盘沉香串珠，汗手最好不要直接盘，可戴上白色手套。盘玩时注意每个串珠的孔口周围也一定要盘到，一天可以盘玩半个小时左右，一两个星期后，珠子便已经形成了一层薄薄的包浆。

❹ 盘出包浆的沉香手串可以放置一个星期左右让其自然干燥，使已生成的包浆进行一定程度的硬化，从而便于以后更好地进行盘玩。

❺ 将第三个步骤和第四个步骤重复三个月的时间，每天进行四次左右，珠子会变得很有灵气，光泽十足，盘得好的珠子甚至会呈现玻璃光泽。

保养重点：珠子脏了可以用微微湿润的棉布擦拭几遍，然后放置一段时间再盘玩，盘得时候尽量照顾到每个珠子的所有部位尤其是孔口。盘珠子最忌讳心急，需要每个过程都逐个进行，看着珠子日新月异的变化，您的内心也会获得一种精神上的愉悦。

↑ 文莱沉香制斋戒牌，北京歌德拍卖行 2013 年 12 月 1 日
拍卖品，成交价 230,000 元人民币

↑ 沉香手串，福建东南拍卖行 2013 年 5 月 26 日
拍卖品，成交价 138,000 元人民币

沉香收藏近年来风生水起，随着存世量逐渐减少和收藏热涌现，原先主要作为药用的沉香从消费品摇身一变成了投资品，10 年前仅售百十元的顶级沉香，如今已经万元一克。近几年拍卖会上，沉香屡屡创出天价拍卖纪录，成交价都远远高出预估价。对于沉香来说，油脂含量与香味是判断沉香价值的生命线。

4. 麻梨疙瘩手把件

麻梨疙瘩是一种北方特有灌木的俗称，学名叫"鼠李根"。一般玩得主要是麻梨疙瘩的根部，因为瘤子里容易出漂亮的火焰纹和雀眼纹，因此比较招人喜欢，它的质地较硬，密度高，市场价格比较便宜。

↑ 麻梨疙瘩手把件

》 麻梨疙瘩玩得就是花纹

麻梨疙瘩手把件主要追求两个方面：第一是花纹；第二是雕工技艺。麻梨疙瘩的花纹越漂亮价格越高；另外，由于麻梨疙瘩的价格比较便宜，因此要想选购到有收藏价值的麻梨疙瘩把件，大师雕刻的作品为佳，但是作为盘玩之物来说，雕工绝对不是越烦琐越好，一定要便于把玩。

二、菩提子手串手把件

菩提子是菩提树结的籽，两百多种品种，下面会介绍到一些市面上常见的菩提子手串种类。

1. 常见的菩提子手串种类

市面上我们可以看到各种各样的菩提手串，它们颜色不一、形态各异。

》 星月菩提

星月菩提子被称为菩提"四大名珠"之一，珠子表面有均匀的黑点，中间有一个凹的圆圈，如繁星托月，故名星月菩提子。

↑ 星月菩提散珠，每个珠子中间都有一个小洞口

凤眼菩提子

凤眼菩提子的表面看上去特别像眼睛，固称"凤眼菩提"。凤眼菩提经常被作为佛珠来佩戴，佛珠是藏传佛教极为推崇的佛珠品类之一，在藏传佛教中，菩提子佛珠即指凤眼菩提佛珠。

↑ 凤眼菩提子，表面有形状似眼睛的纹理

龙眼菩提子

龙眼菩提子的每一粒上都有个三角状眼。龙眼菩提，尤其是印度龙眼菩提，是难得之物，寄托了人们增长智慧的美好寓意。

↑ 龙眼菩提，每一粒上都有三角状的眼

》金刚菩提子

金刚菩提子坚硬无比，蕴含着无坚不摧之意。

↑金刚菩提子，金刚树所结之子，质地坚硬

》太阳菩提子

每粒太阳菩提子上都有个一小白点，看起来好像天空中的旭日，本身呈红褐色如太阳一般，故名为太阳菩提子。

↑太阳菩提子

》麒麟眼菩提子

麒麟眼菩提子形状较为特殊，每一粒上都有一个方形的眼，整个菩提子呈扁圆形，好似鼓鼓的柿子饼，中间的方眼如同一个个铜钱。

↑ 麒麟眼菩提

》通天眼菩提子

通天眼菩提整体呈深灰色，每颗上有不规则的小点状物体突起，通天眼的名字便由此而来。

→ 通天眼菩提

》仙桃菩提子

顾名思义，仙桃菩提子形状扁圆，表面上有许多凹凸不规则的纹理，呈古铜色，古色古香、韵味十足。

→ 仙桃菩提子

》莲花座菩提子

莲花座菩提子质地坚硬、呈枣红色，每一粒都像一个小小莲花座，因此而得名。据说，佩戴此物可保平安。

→ 莲花座菩提子

2. 如何挑选菩提手串

想要盘玩出一串品相皆好的菩提子手串，挑选是第一步，它决定着手串把玩出来后是否能够变得更加动人，因此，下面就来说说菩提子手串挑选时的要点：

〉 看色差

菩提子手串在挑选的时候，整串珠子的色差要小，颜色要基本一致，密度基本一样。因为菩提串珠在盘玩过程中如果色差过大将会影响整体挂珠的品相。

〉 看菩提眼

要挑整串珠子的菩提眼位置基本一样，最好都是在珠子的正中，这就需要耐心挑选了。

〉 看尺寸和打孔

挑选好想要购买的菩提串珠尺寸，然后将整串珠子纵向拉直放在眼

前，从不同角度瞄看，若是珠子的排列整齐则为尺寸和打孔合格，若是珠子有突出或缩小的地方则尺寸不够好，碰到这种情况，可以找销售商替换珠子。

3. 菩提子手串的盘玩与保养

挑选到了心仪的菩提手串之后要用心保养：

（1）表面较光滑的菩提子，建议包裹细棉布或者戴上手套先盘玩几天。

（2）盘玩之前一定要将手洗干净。

（3）使用潮湿的布清理菩提串珠表面的一些轻微的色斑，若有明显的毛刺，可使用细砂纸稍加打磨，打孔处也要处理到。

鸣谢

目前，市面上的手把件极多，主要集中在文玩店、珠宝市场及网上销售。手把件的材质、题材寓意往往表达了手把件雕刻者与盘玩者的兴趣志向以及审美品位。本书所使用的图片分别来自几个典型的店铺，列表如下表示感谢：

名石轩
北京店：北京朝阳区潘家园南里 5-1-703
店主：林春来　　　　　　　　电话：010-87790288

白玉堂
北京店：北京市朝阳区潘家园旧货市场西商房 13 号
店主：张燕　　　　　　　　　电话：13525129948

利华水晶宫
北京店：北京市朝阳区潘家园旧货市场甲区 19 号
店主：翁利华　　　　　　　　电话：13522139988

尚珍阁
北京店：北京市朝阳区十里河天骄文化城鸣虫区 20 号
店主：牛山武　　　　　　　　电话：13901175327

阿拉善俏雕艺术馆
北京店：北京市朝阳区潘家园旧货市场西商房 K17 号
店主：王有平　　　　　　　　电话：13671393292

祥芝临琥珀珠宝
北京店：北京市朝阳区潘家园旧货市场 2 区 16 排 21 号
店主：王祥芝　　　　　　　　电话：13717662585

图书在版编目（CIP）数据

手把件鉴赏购买指南 ／ 潮流收藏编辑部编著.
—— 北京 ：北京联合出版公司，2014.8
ISBN 978-7-5502-3353-9

Ⅰ．①手… Ⅱ．①潮… Ⅲ．①石料美术制品－鉴赏－
指南②石料美术制品－选购－指南 Ⅳ．①TS933-62

中国版本图书馆CIP数据核字(2014)第169856号

手把件鉴赏购买指南

项目策划　紫圖圖書 ZITO

丛书主编　黄利　监制　万夏

编　　著　潮流收藏编辑部
责任编辑　安　庆
特约编辑　宣佳丽　路思维　彭艺琳
装帧设计　紫圖圖書 ZITO
封面设计　紫圖裝幀

北京联合出版公司出版

（北京市西城区德外大街83号楼9层　100088）

北京瑞禾彩色印刷有限公司印刷　新华书店经销

160千字　889毫米×1194毫米　1/16　13.5印张

2014年9月第1版　2014年11月第2次印刷

ISBN 978-7-5502-3353-9

定价：99.00元

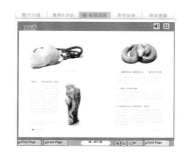

精品畅销书出版专家

BEIJING ZITO BOOKS CO., LTD.

紫图全球拍卖年鉴系列 （北京联合出版公司　江西科学技术出版社）

2014中国艺术品拍卖年鉴·瓷器	2014中国艺术品拍卖年鉴·玉器	2014中国艺术品拍卖年鉴·绘画	2014中国艺术品拍卖年鉴·书法	2014中国艺术品拍卖年鉴·文玩杂项
定价：199元	定价：199元	定价：199元	定价：199元	定价：199元

2014中国艺术品拍卖年鉴·佛珠造像	2014全球名表拍卖年鉴	2014全球珠宝拍卖年鉴	2014全球奢侈品拍卖年鉴
定价：199元	定价：199元	定价：199元	定价：199元

2014全球瓷器拍卖年鉴	2014全球玉器拍卖年鉴	2014全球书画拍卖年鉴	2014全球珠宝拍卖年鉴	2014全球翡翠拍卖年鉴	2014全球杂项拍卖年鉴
定价：99元	定价：99元	定价：99元	定价：99元	定价：99元	定价：99元

BRAND 名牌志　中国第一奢侈品图书品牌

迪奥鉴赏购买指南	香奈儿大图鉴	爱马仕大图鉴	男性名牌鉴赏购买指南	普拉达&缪缪鉴赏购买指南	轻奢名牌鉴赏购买指南	行家这样买名牌
定价：99元	定价：99元	定价：99元	定价：99元	定价：99元	定价：99元	定价：99元

全球单一纯麦威士忌一本就上手	茶具投资购买指南	行家这样买碧玺	行家这样买宝石	行家这样买南红	行家这样买翡翠	宝石购买投资圣经
定价：128元	定价：128元	定价：128元	定价：128元	定价：128元	定价：128元	定价：99元